Scratch
少儿趣味编程 2

著● [日] 阿部和广 仓本大资

审校● [日] 阿部和广

译● 陶旭 项远方

人民邮电出版社

北　京

图书在版编目（CIP）数据

Scratch少儿趣味编程. 2 /（日）阿部和广，（日）
仓本大资著；陶旭，项远方译. -- 北京：人民邮电出
版社，2017.4

ISBN 978-7-115-44963-4

Ⅰ. ①S… Ⅱ. ①阿… ②仓… ③陶… ④项… Ⅲ. ①
程序设计—少儿读物 Ⅳ. ①TP311.1-49

中国版本图书馆CIP数据核字（2017）第046691号

内 容 提 要

  Scratch是麻省理工学院设计开发的一款编程工具，适合少儿学习编程、交流编程、分享编程作品。本书是《Scratch少儿趣味编程》系列的第二本，采用升级版本Scratch 2.0教大家如何用Scratch设计程序，内容贯彻STEAM教育理念，综合了数学、科学、音乐、实践等科目，旨在引导读者通过实践来探索、发现并理解现实中的知识，在激发创造力的同时提升思考能力和与他人的协作能力。

  本书图文并茂，寓教于乐，适合中小学生等初学者自学或在家长的帮助下学习。

◆ 著　　　　[日]阿部和广　仓本大资

 审校　　　[日]阿部和广

 译　　　　陶旭　项远方

 插画　　　Yuko Ishida

 责任编辑　傅志红

 执行编辑　高宇涵　侯秀娟

 责任印制　彭志环

◆ 人民邮电出版社出版发行　　北京市丰台区成寿寺路11号

 邮编　100164　　电子邮件　315@ptpress.com.cn

 网址　http://www.ptpress.com.cn

 北京市雅迪彩色印刷有限公司印刷

◆ 开本：787×1092　1/16

 印张：9.5

 字数：110千字　　　　　　2017年4月第1版

 印数：1 – 4 000册　　　　2017年4月北京第1次印刷

 著作权合同登记号　图字：01-2016-6693号

定价：59.00元

读者服务热线：(010)51095186转600　印装质量热线：(010)81055316
反盗版热线：(010)81055315

广告经营许可证：京东工商广字第8052号

学习源自模仿。

程序的学习也是如此。

本书中我们将要学习 Scratch。

它用一看就懂的图形文字模块来编写程序，

所以非常易学易模仿。

模仿本书的程序，

很快就可以理解程序的基本原理了。

那么，就让我们开始编程吧，

我们一定可以与电脑成为好朋友的！

菅谷充

（漫画家，作品有《电子神童》《电脑你好》[①]）

目录 Cont

数学
×
实践

多边形与星形

50

综合
×
实践

用拍摄的照片制作动画

32

科学
×
实践

小猫跳跳

112

音乐
×
实践

自动演奏装置

126

e n t s

综合×实践

车窗模拟器

68

数学×实践

重复纹样

90

小知识！

※ 下面这些是补充内容。这里写的都是最好能提前知道的知识，不过如果正文中没有说让大家先读一下，那大家以后再读也没关系。

● 是与Scratch 相关的内容

编程与表达

什么是表达呢?

表达就是把意思传达出来。

要表达出来的东西通常是隐藏在人们内心之中的,

而心中的想法无法用眼睛看到,

所以要把这些想法表达出来。

我们知道很多把想法表达出来的方法,

比如唱歌、跳舞、画画、做手工、写文章、演奏乐器等。

那么电脑呢? 也可以用它来表达吗?

电脑可以用来画画、写文章,

还可以演奏音乐呢!

所以说,我们也可以把电脑称作一种表达方式。

例如使用绘图软件可以在转瞬之间画出非常精确的图形来,

还可以随心所欲地改变颜色,而且画出来的图形能无限复制。

也就是说,实际上电脑帮我们扩展了表达能力。

但也有需要注意的事情。

那就是应用软件无法完成超出其本身能力范围的工作。

例如常见的绘图软件虽然具备画圆的功能,

但没有画出漩涡图形的功能,

也没有能实现这种功能的菜单和按钮。

这时候,大家会怎么解决呢?

放弃吗?

如果你无论如何都想画出来漩涡图形呢?

应用软件是靠程序来运行的。

除了部分例外的情况，通常这些程序是不公开的，更不能自行更改程序。
如果对这种状况习以为常，可能慢慢地自己真正想要做的事情就遗忘了。

但实际上还有别的解决方法。
这就是自己编程序来制作应用软件。

比如之前提到的绘制漩涡图形，
如果用 Scratch 来实现，程序就是这样的。

执行这个程序就会得到这样的效果。

怎么样，这下明白使用应用软件和制作应用软件的区别了吧?
实际上，电脑本身的能量是被做好的应用软件限制住了，
而编程可以让这些能量释放出来。
而且，不仅是程序执行结果，制作程序的过程也可以称为一种表达方式。
所以，编程也是表达大家心中创意的方式。

本书会讲解如何通过编程来表达各种各样的想法。
我期待大家可以充分利用这些表达方式创造出更多更新的表达方式。

阿部和广

2016 年 4 月 15 日

欢迎来到编程的世界

大家好。如果你是第一次看我们这个系列的书，那么很高兴你可以翻开这本书；如果你已经读过了《Scratch 少儿趣味编程》[1]，那么很高兴可以与大家重逢。这本书与《Scratch 少儿趣味编程》一样，都是借助 Scratch 帮大家把自己的想法表达出来。听起来这貌似有一点难度。

Scratch 是一款电脑软件。我们都知道，通过运行软件，电脑可以做很多事情。比如可以玩游戏、编辑文章或是进行表格计算等，但这些只是其中的一部分。如果使用 Scratch 来自己编程，大家就可以自由地创造，或者把自己的想法表达出来了。

但是，我们创造些什么，又表达些什么呢

Scratch 是一款可以制作软件的软件。例如绘图板等一般的软件只能按照已经规定好的方法来使用，但如果使用 Scratch，则可以自己创造出很多新的用法来。而这个过程又与在纸上画画或是用粘土做雕塑不同，因为 Scratch 做出来的作品可以自由操纵，还可以根据用户的操作做出相应的反应来。这就是编程的神奇力量。

但是，如果没有创意，就什么都做不出来。大家身边的各种见闻、自然现象等正是激发创意的好帮手，说不定你就能从中联想出很有意思的创意。你也可以回想生活中的点点滴滴，或者仔细观察内心，看看自己在想些什么，也许就会发现自己的心中正有想要表达出来的创意呢！

---

[1] 阿部和广著，陶旭译，人民邮电出版社，2014年11月。——译者注

编程难吗

在 Scratch 中，"角色"是通过名为"脚本"的程序来操纵的哦。我们来看一个让角色边动边发出声音的脚本吧。点击绿旗图标 或脚本本身，就可以看到角色随着鼓声动起来了。

脚本

角色

Scratch 就是像上面这样把这些有颜色的"模块"排列起来制作脚本的。如果仔细看这些模块上写的字，就可以知道程序向角色发出了什么样的指令。这些模块和玩具积木非常像，对吧？

下面就轮到大家动手编程序了。不用太担心，先来熟悉一下一起编程的小伙伴吧！

大家好，我是喵太郎！

之后还会有其他小伙伴呢，我们赶紧开始吧！

Scratch 2.0 的使用方法

实际上 Scratch 的版本有很多种。有不需要在电脑上安装的 Scratch 2.0，也有必须进行安装的 Scratch 1.4 和 Scratch 2.0 离线编辑器版本（见第 49 页）等。

喵太郎：我已经会用 Scratch 1.4 了。2.0 也会一点点。

对哦 ※。不过，即使没有用过 Scratch 1.4 也不用担心。这次我们来学习的是不需要安装，直接就能使用的 Scratch 2.0 的使用方法。下面赶快做好准备吧。首先要确认一下 Scratch 的运行环境。

※ Scratch 1.4 的使用方法在喵太郎首次出现的《Scratch 少儿趣味编程》中讲解过。

在浏览器上使用 Scratch 2.0

对于 Scratch 2.0 来说，如果有浏览器和 Flash 播放器，就可以直接在 Web 上启动。使用 Web 应用程序时，需要通过互联网将自己的电脑与互联网上的服务器连接起来，所以一定要连接互联网。

Scratch 的建议运行环境是 Google Chrome 35 以上版本、Firefox 31 以上版本或 Internet Explorer 9 以上版本的浏览器。还需要有可以在这些浏览器上运行的 Adobe Flash Player 10.2 以上版本的 Flash 播放器。

喵太郎：这么多，听起来好麻烦啊。

Google Chrome（以下简称 Chrome）自带最新的 Flash 播放器，十分方便。如果不懂，可以去问一下爸爸妈妈。

这本书使用 Windows 10 的 Chrome 浏览器进行讲解。如果使用其他浏览器，会发现窗口外观有些不同，不过 Scratch 2.0 的部分都是一样的，所以不用担心哦。

来注册 Scratch 账号吧

启动 Chrome（或其他浏览器），在地址栏输入下面的地址，打开网页。下面是 Scratch 的官网地址。

https://scratch.mit.edu/

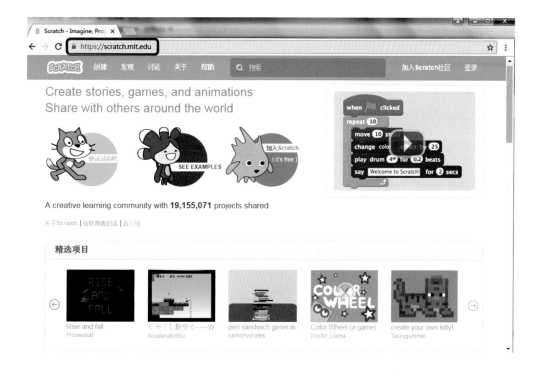

喵太郎：**共享 Scratch 1.4 作品时的页面和这个页面是一样的呀！**

没错。如果已经注册过 Scratch 账号，可以跳过下面的说明，直接看第 14 页的用户登录方法。

初次注册

在 Scratch 2.0 里面，为了保存做好的作品，需要进行注册。所以，最好在编程开始前先注册为用户，创建一个账号。

还没有注册为用户的读者，可以按照说明来注册。我们还需要刚才打开的 Scratch 官方网页。

喵太郎：**嗯，以前好像注册过啊，不过完全忘了呢。我再看看吧。把方法记下来，还可以去告诉小伙伴。**

在陌生的网页上注册是很危险的，不过 Scratch 的官网是安全的。注册需要用到电子邮件，所以一定要和爸爸妈妈一起注册。请先点击页面右上角的"加入 Scratch 社区"。

点击之后，会打开一个用于注册 Scratch 账号的窗口。

在"选择一个 Scratch 用户名"中输入英文字母或数字作为用户名。注意不能将真实姓名和个人信息写进去。

在"请选择密码"中输入英文字母或数字作为密码。注意密码不要和用户名相同。

在"确认密码"中再输入一次密码。不要把这个密码忘掉哦。

输入完成之后，点击"下一个"按钮，进入下一个页面。

"出生年月"是填写出生月份。只用填写出生年份和出生月份，不用填写出生日期。

点击此处选择性别和国籍。

然后点击"下一个"，输入爸爸或妈妈的电子邮箱。输入之后，要和爸爸妈妈一起确认一下是否正确。之后会收到一封注册确认邮件，需要请爸爸妈妈帮忙看一下。

然后，点击"下一个"按钮，进入下一个页面。

到这步用户注册就完成了。点击"OK，我们开始吧!"按钮。

这样，就会自动登录并打开首页。如果右上角显示了用户名，就说明已经登录成功了。

用户名显示在这里

登录 Scratch

如果还没有登录，可以点击页面右上角的"登录"按钮，输入用户名和密码进行登录。

喵太郎：已经登录好了，脚本是怎么制作的来着？

Scratch 1.4 中是双击桌面上的图标来启动程序的。而这里使用的是 Scratch 2.0，现在就已经打开主页面了。

接下来点击页面上方的菜单中的"创建"，打开创建作品的页面。

喵太郎："创建"在上面菜单的最左侧！打开了！

来了解 Scratch 2.0 的页面吧

这是 Scratch 2.0 的编辑页面。它和 Scratch 1.4 十分相似，但你能发现其中的区别吗？

喵太郎：模块盘换到中间位置了。还有，是把舞台移到左侧了吧？如果仔细看，感觉小猫画得比以前更精细了呢。

太对了！还有一些小的改动，等实际制作的时候再慢慢告诉大家。

让小猫原地转圈

下面我们要通过让小猫转圈的简单脚本来学习 Scratch 的使用方法。

刚才打开的页面就是一个脚本制作页面（编辑器）。编辑器上最初会显示一个小猫的卡通形象。这种卡通形象在 Scratch 里面就叫作"角色"。

显示角色的地方是一个白色的长方形，这个长方形就叫作"舞台"。这个舞台和学校礼堂或体育馆里的舞台是差不多的感觉。

角色就是舞台上的演员啊

舞台下面排列着各种角色，这就是角色列表；右侧排列着各种指令模块的地方就是模块盘，模块盘上面有各种模块。

喵太郎：**角色列表里现在只有一只小猫啊。**

使用模块对角色下指令

在 Scratch 里，我们是用模块对角色下指令的。大家也赶快来试一下吧。看到写着 `向右旋转 ↻ 15 度` 的模块了吗？这里有很多模块，都是按照颜色分类的。

喵太郎：**关于"旋转"的模块都在 `动作` 分类里面，对吧？**

不错啊，喵太郎。如果没有选中 `动作` 分类，那么可以点击 `动作` 把它选中。

如果在模块盘里找不到 `向右旋转 ↻ 15 度`，可能是因为选中了舞台。这时可以试试点击角色列表里面的小猫来切换。

喵太郎：**如果切换了分类或者选中了舞台，模块盘里显示的模块就变了呢。**

对的。这些模块都可以通过点击来运行。试着点击一下 `向右旋转 ↻ 15 度` 中除了 15 以外的地方吧。

点击模块的时候要注意看舞台上小猫的变化哦。在发送指令的瞬间，小猫会向右转 15 度。现在我们试着多次点击模块，让小猫旋转一圈吧。

把模块组合在一起制作成脚本

让角色转一圈要点击 24 次 向右旋转 (15 度 模块呢。那就太累了。这种情况下，我们可以让电脑反复执行一个指令，这正是电脑的优势。

下面我们把 向右旋转 (15 度 这个模块拖到右边的灰色区域，也就是脚本区。脚本区其实就是一个用来组合脚本的地方。

把这个模块移动到脚本区后，下面就要用到用于重复执行指令的 模块了。这个模块在 **控制** 分类里可以找到。下面试着把它拖到 向右旋转 ↻ 15 度 附近的位置上，看看会发生什么。

喵太郎：**离近了之后，模块的开口好像就张开了！**

喵太郎：**开口张开了之后，把鼠标的左键松开……合在一起啦！**

没错，在 Scratch 里面，把模块合在一起是很简单的。合在一起前会显示出一条白线，只要看见白线就可以松开鼠标按键了。

如果做好了就可以试试点击脚本，也就是拼好的这组模块。这时小猫应该会骨碌骨碌地转起来。因为脚本里写的就是"重复执行向右旋转 15 度"。

喵太郎：**一直转来转去的，根本停不下来啊！**

启动和停止脚本

原则上讲，从最上面一个模块开始按照顺序执行到最后一个模块后，脚本就会停止。

不过，如果使用 模块，运行顺序就是从脚本最上面一个模块往下执行，到最下面的一个模块时再返回到最上面一个。所以，这个脚本是不会结束的。

但是一直这么转呀转的，即使是猫也会晕的。我们让它停下来吧。

舞台右上方有一个 🚩 按钮和一个 ⬤ 按钮。其中，⬤ 就是让脚本停止的按钮。

喵太郎：**按下 ⬤ 小猫就会停止转动。那么哪个是开始呢？是 🚩 吗？可为什么点击了也不动呢？**

对。如果想让脚本启动，就要把 🚩 加在脚本前面。没有

模块，就不能启动脚本哦。 在 **事件** 分类的最上面。

喵太郎：**那么现在把它放在刚才的脚本上试试吧。**

模块也有不同的形状。观察形状就可以看出它能接在哪里。

当 被点击 的上面是光秃秃的，但是下面有个突起，而 重复执行 上面有个小凹槽，看起来是可以接在一起的。

是呢，这个模块真的很像积木呢！

接在一起后，再来点击一下 ⚑ 试试吧。这次小猫就开始转了。在启动和停止程序的时候经常会用到 ⚑ 和 ⬣，所以一定要记住哦。

试一试除了动作以外的功能吧

除了让小猫骨碌骨碌地转以外，改变小猫的外观更好玩。点击 **外观** 分类，来看看这里的模块吧。

喵太郎：**试试这个 将角色的大小增加 10 的模块吧。看起来好有意思啊。**

使用这个模块可以改变角色大小哦。点击 将角色的大小增加 10 试一下看看会发生什么吧。

喵太郎：**每点一次小猫就大了一些呢。**

那么把它放在 重复执行 里面试试看吧。放在 向右旋转 ↻ 15 度 的上面和下面都可以，这次先放在下面吧。

拆除模块的方法

喵太郎：啊，不小心把它放在 和 中间了！怎么把它拆开啊？

　　不用担心！模块可以很容易地连在一起，也可以很容易地拆开哦！这时要注意的是，移动的时候不能直接拖走中间的模块。在移动或拆除模块的时候，连在下面的模块会被一起拖走。

　　　　拖动 试试，可以看到下面的模块也跟着一起走了。下面再来

拖动 将角色的大小增加 10 ，这样脚本就会被分解成 3 个。

下面把模块重新组合，制作成正确的样子吧。把刚刚拖出去的

喵太郎：**制作好了！**

脚本制作好之后，就试试点击 🚩 开始运行吧。

喵太郎：**哇，大得已经充满整个舞台了！怎么回到原来的样子呢？**

变大变小

大小也是可以用脚本控制，自由变化的哟。

在 外观 分类里找一下 。修改 100 的数字部分，就可以调节大小了。找到了模块之后，点击 100，把它改成 1。

下面点击修改好的 将角色的大小设定为 1 来试着发送指令吧。

喵太郎：点击之后猫就变小了，但是启动脚本之后马上又变大了，就像从屏幕深处飞出来一样，太好玩了！

碰到边缘就变小

好了，先按 ● 停一下吧。

现在每次都要点击一下 将角色的大小设定为 ❶，小猫才能变小。我们还可以编写一个小猫充满舞台之后会自动变小的程序哦。

喵太郎：**难道小猫能知道自己出了舞台吗？**

没错。这里就要使用模块盘中 侦测 分类里的 碰到 ▾ ？ 了，它能侦测到角色是否碰到了某物。我们可以点击这个模块中的 ▾（▼），选择"边缘"，让模块变成 碰到 边缘 ▾ ？ 这样。

那么这个模块怎么用比较好呢？应该是"如果碰到边缘那么"变小比较好吧？

喵太郎：**我知道** 如果 ◇ 那么 **模块。它在** 控制 **分类里。**

不错啊，喵太郎。在 控制 分类里有很多带六边形洞的模块。因为这次是如果碰到边缘就变小到 1，所以应该使用 如果 ◇ 那么。这里有很多相似的模块，别用错了啊。

做好之后，把 碰到 边缘 ▾ ？ 拖到六边形的洞里。

喵太郎：**好，现在把"如果碰到边缘那么 ××"的模块做好了。碰到边缘之后要运行的模块就放在开口里面，对吧？**

说对了！就是把 加进去。

喵太郎："如果碰到边缘那么将角色的大小设定为1"。这样就可以串成一个句子啦。

做好之后，为了不让它散开，要拖着写有"如果"的部分，把它拖到 中的 的下面。

小猫会一边旋转一边变大，当碰到边缘就变小，并一直这样不断重复下去。

点击 🚩 之后，小猫就会一边旋转一边变大，当碰到边缘就变小，并一直这样不断重复下去。

前面讲解了 Scratch 2.0 的基本编程方法。

喵太郎：啊，还没讲完吧？作品怎么保存呢？如果不保存，辛辛苦苦做好的作品就没了吧？

实际上，Scratch 2.0 有自动保存功能。页面右上角如果显示灰色的"已保存"字样，那就是已经保存好了。如果显示的是"立即保存"，我们可以点击这几个字手动保存。

喵太郎：超级方便啊！之前用 Scratch 1.4 的时候，有一次忘了保存，我都急哭了呢。

但要注意的是，如果要使用自动保存功能，必须已登录才可以。而且如果没有连接互联网，作品也是保存不了的。

对了，给作品起名字的方法还没告诉你呢。点击写在舞台上方的"Untitled（－数字）"的地方，在里面输入作品名就可以修改了。可以输入中文哦。

喵太郎：名字就叫"小猫转圈"吧。写好了。可是，它会保存到哪里啊？

保存的作品在 Scratch 的官方网站上。

喵太郎：啊？那保存之后不是谁都能看见了吗？

不会的，在自己把它共享之前，别人是不会看见的。如果想让别人看见，可以点击右上角的"分享"。

　　※ 点击用户名左边的 🅢 就可以看见自己的作品列表。

然后，网页会自动切换到项目页，在这里输入作品说明吧。在"说明"中输入操作方法，注意尽量写得简单易懂一些，这样会吸引更多的人来玩这个游戏。在"备注和致谢"中要填上参考资料、使用过的素材，所参考作品的作者也要写上。你对别人表达衷心的感谢，也会赢得别人对你的尊重哦。

喵太郎：我作文写得很差，但我会努力写的！

　　Scratch 网站上还有很多功能，这里就不一一说明了，大家可以自己去找找看。

喵太郎：我对这个"讨论"比较感兴趣啊。好想和其他人一起讨论 Scratch 呢。

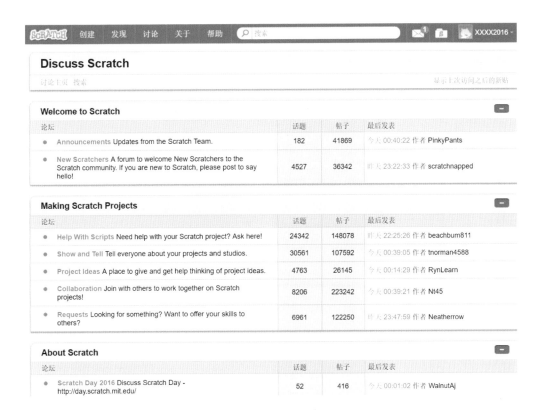

　　"讨论"其实是一个论坛（BBS）。一定要去试一试哦。前辈们一定会欢迎你的！其中还有中文论坛呢。

　　好了，喵太郎应该已经学会 Scratch 2.0 的基本用法了吧。下面的章节，我们来学习把动画、设计之类的东西应用到作品中吧。

喵太郎：这么一说我又想起《Scrarch 少儿趣味编程》了呢！

来做做看吧！

综合
×
实践

数学
×
实践

综合
×
实践

用拍摄的照片制作动画

多边形与星形

车窗模拟器

使用电脑摄像头准备素材。
制作让自己的宝贝当主角的
小动画。
拍摄好以后还可以编程控制
各种播放方法。

画出用尺子圆规才能画出来
的各种图形。
用电脑精确画出通常不容易
画出的复杂图形。
会用到画笔功能。

重现车窗外的景观。
一起探寻制作出远近景效果
的方法。
会用到变量和运算符的功能。
还会用到很多角色。

32
页

50
页

68
页

大家喜欢画图吗？这本书会把学校的课程与画图结合起来，教大家如何制作有趣的作品。

你不喜欢画图啊？那么积木或是乐高，或是在外面玩泥巴你喜欢吗？玩捉迷藏的时候你喜欢加一些新规则吗？如果是，那么也欢迎你一起来玩。

你可以从下面选择喜欢的部分开始做，但最好先按照前面"Scratch 2.0 的使用方法"和"让小猫原地转圈"的部分准备好哦。

下面的几个部分如果不知道先选哪一个，也可以先来看看我们为每个部分写的简单介绍，看看你最喜欢哪一个。选择好以后找到那一页，然后就可以马上开始啦！

重复纹样

组合使用"重复执行"指令。
尝试创出自己的规则，画出个性纹样。
会用到图章功能。
还会用到很多变量。

90页

小猫跳跳

重现角色的跳跃动作。
观察并分析物体下落过程，思考重现运动效果的脚本。
会用到变量功能。

112页

自动演奏装置

思考一个能自动演奏的机制。
会用到声音模块。
搞明白方法后，尝试弹奏出各种节奏。

126页

用拍摄的照片制作动画

用照片制作动画的原理

用照片制作动画也叫"定格动画",是制作动画的方法之一。连续拍摄多张照片(静止图像)再播放出来,照片中原本静止的东西看上去就像动起来了一样。

喵太郎：啊，这是不是和那种画在本子边上的画是一个原理啊？就是每页上画一幅画，每一幅都不太一样，快速翻动本子就能看见动画。

画板哥：没错！这次我们就要用照片和程序制作小动画。

喵太郎：照片？那我现在就去找爸爸借数码相机。

画板哥：等一下！虽然也可以用数码相机，但这次我们用电脑摄像头就可以了。

电脑摄像头

Scratch 可以使用电脑摄像头。我们这里先介绍最简单的笔记本电脑自带的摄像头的使用方法。

在笔记本电脑的显示器上方找一找，如果是比较新的机型，一般都会有摄像头。

电脑的摄像头在哪里

每种电脑的摄像头位置都有所区别，这里我们再来了解一下笔记本电脑以外的其他电脑，看看摄像头的位置在哪儿。

★ 台式电脑：大多数一体式台式电脑的摄像头都是在显示器的上方。如果是主机和显示器分开的电脑，可能很多都不带摄像头。

★ 平板电脑：在触摸屏周边找找看吧。有些也可能设计在机器的背面。

如果电脑本身不带摄像头，那么就使用外接的摄像头吧。如果是支持 UVC[※] 的 USB 摄像头，就不需要安装与硬件对应的驱动，可以马上使用，非常方便。如果只是为了配合 Scratch 使用，不需要很大像素，那么选择比较便宜的摄像头就足够用了。

※ UVC（USB Video Class）是USB摄像头等图像设备的一种连接标准。

喵太郎：摄像头？可是我没有吧？

画板哥：在你的电脑上找一下吧。

喵太郎：我的笔记本电脑……啊！屏幕上面有一个黑色的小圆点！

画板哥：对，那就是摄像头。在使用网络进行视频通话等活动时，可以通过它看见对方。

喵太郎：好啦，快点开始拍吧。

对了，要怎么拍呢？

Web 摄像头

拍摄准备

先别急呀！拍摄开始前，要先准备一个可以在动画里动的物品和一个拍摄空间。

这个物品呢，无论是石头，还是水果、铅笔、橡皮、小玩具等，什么东西都行。当然，如果是用粘土、铁丝等做成的像玩偶那样可以动、还能改变形状的东西，会更好玩哦。

如果是在地板或桌子上拍摄，摄像头的拍摄范围大概就是我们现在这本书展开之后那么大。当然，还要留出来放置电脑的空间。如果在桌子上拍摄，需要把桌子收拾一下，留出拍摄空间和放置电脑的空间。

斜线部分为可拍摄范围

拍摄时的注意事项

因为使用 Scratch 制作的作品可以在网上公开，所以要注意以下几件事情。

★ 要遵守家里和学校制定的规矩

玩的时候一定要注意遵守规矩。比如家长不同意把正脸照片放在网上，不愿意把家里的样子拍下来等。这些规矩一定不要随意违背。

★ 要注意保护个人信息

要检查照片里是不是有会让人看出学校名称或班级的信息，以及有没有会让人判断出住址或姓名的景物。例如，一定要避免拍摄到明信片和信、学校校牌、写有名字的文具等物品哦，因为这些物品上会有个人信息。

★ 要注意回避让人反感的东西

制作一些让大家都喜欢的作品吧。一些残酷的或是无聊的内容，即使自己特别喜欢也要顾及大家的感受，一定要忍住，不要让大家觉得反感哦。

★ 要注意不能侵犯著作权、肖像权

使用 Scratch 制作的作品一旦共享后就变成了谁都可以使用的素材了，所以要注意在自己的作品中不要使用自己不拥有公开权的内容。例如电视动画中的卡通玩具、艺人的照片等。

Scratch 社区行为准则提到了 Be respectful（心存敬意）、我们富有建设性、共享、Keep personal info private（注意保护个人信息）、Be honest（诚实）、我们帮助维护站点的友好性。我们在制作作品的时候一定要遵守这些准则。准则全文可参考如下链接。

https://scratch.mit.edu/community_guidelines/

喵太郎：稍等一下，我去收拾一下桌子。

几分钟后……

喵太郎：桌子已经收拾干净了。物品就用在海边捡到的贝壳好了！

画板哥：好的，快点开始制作吧！先打开 Scratch，登录之后点击"创建"，打开一个新的项目。

准备摄像头

喵太郎：已经把新的项目打开了。制作动画也用这只猫吗？

　　使用照片制作动画时，是以舞台为背景拍照的。当然也可以用角色来制作，但是动画制作出来会小一些。而用舞台制作时，可以让动画充满整个画面。这次不用角色，所以我们就把小猫去掉吧。

喵太郎：这样啊，那么把小猫去掉吧。点击舞台右上角的剪刀图标，再点击一下小猫就可以了吧？

画板哥：你已经会用了啊！要确认光标变成剪刀的形状才可以哟！另外，右键点击小猫之后选菜单栏里的"删除"也可以把小猫去掉。

喵太郎：先别说那些了，赶紧告诉我这个摄像头怎么按快门吧。

别着急呀！首先要选中舞台，舞台左下角有个舞台图标，看到了吗？点击这个图标。

喵太郎：就是这个白方块?

画板哥：对，现在舞台上什么也没有，所以是空白的。只要它是被蓝色方框围住的状态就可以了。

喵太郎：啊！这下面有个相机图标，可以点这个吗?

点这个图标也可以，但是这样一来，照片会比舞台小一些。所以这次我们先用其他方法启动相机。你先点击一下舞台右上角的"背景"图标，找到相机图标。

喵太郎：打开啦！就是这个相机图标吗？点击一下这个图标。啊！弹出一个什么东西！

关于Adobe Flash Player的设置

　　Scratch 2.0 是借助 Adobe Flash Player 功能来访问电脑摄像头和麦克风的。在某个网站首次调用你的电脑摄像头和麦克风功能时，会弹出"Adobe Flash Player 设置"提示。通常这个提示只会出现一次，看到后不要慌，点 ✔ 允许 就可以了。

　　如果不小心点了 ➖ 拒绝 ，这个页面则会重新读取（重新加载），这时再设置一遍就可以了。先确定页面的右上方显示的是"已保存"，再来点 Web 浏览器上的重新加载按钮 ↻ ，然后再点一次相机图标。如果显示"立即保存"，就需要先点这里再重新加载※。

※ 关于保存作品，具体方法见第27页。

画板哥：来安静地听我解释一下。点击相机图标就会启动摄像头，第一次启动摄像头时会弹出"网络摄像机和麦克风的使用"窗口。点击里面的 [✓ 允许] 就可以了 ※ 。

※ 请仔细阅读前面介绍的"关于Adobe Flash Player的设置"中的内容。

喵太郎：按了。哇！这回显示出我的脸了呢。

画板哥：好像摄像头开始工作了呢！有的型号的电脑摄像头在工作时边上会有一个 LED 灯亮起，这个要确认一下。

喵太郎：真的呢！摄像头边上有一个小的 LED 在发光呢！

LED 在发光

画板哥：试着拍一张照片吧！点击相机窗口下方的 [保存] 按钮就可以了。

喵太郎：哇！我出现在舞台上了！耶！

拍摄设备的调整

画板哥：好，拍摄练习结束！这次的主角就不是喵太郎了哦。

喵太郎：好吧。我已经把贝壳放在桌子上了，该怎么拍呢？

画板哥：点击照相机图标后，试试一边看着屏幕上的相机窗口，一边调整摄像头倾斜角度吧。

喵太郎：方向已经调好了，但是角度好难调整啊。是不是屏幕快要关上了的时候更好啊？

画板哥：是的，如果在桌子上拍摄，摄像头要稍微朝下倾斜一些。

喵太郎：感觉拍得不错啊。

画板哥：虽然看起来很费劲，但是还是可以点保存按钮的吧？

喵太郎：嗯，操作很麻烦呢。如果不把鼠标放在电脑侧面用，就会拍到自己的手。不过这是难不倒我的……照好了！打开屏幕看看照得怎么样吧？

画板哥：等一下！如果这时立起屏幕，摄像头的角度就会发生变化，所以先忍一忍，暂时保持这个状态吧。

喵太郎：那要怎么做呀，贝壳又不会自己动。

画板哥：你试试用手挪一下吧。

喵太郎：好的。我把它稍微往右移了一下。

往右移动约半个贝壳长度

画板哥：那么就按下相机图标，再拍一张吧。

喵太郎：好的。这不就是来回重复这几个动作嘛！

画板哥：对，很简单。移动贝壳，拍照……如此重复，一直重复
到拍不到贝壳为止。

喵太郎：嗯，估计拍个五六次就会超出拍摄范围了。我试试
看……搞定啦！

画板哥：我们看看拍得怎么样吧。现在可以打开屏幕了哦。

喵太郎：咦？为什么舞台上一直显示最后拍的一张照片？根本不
动啊。

画板哥：那就对啦！下面我们用程序让照片动起来吧。

自动播放动画的脚本

喵太郎：这么说，照片就只是一个材料呀。下面要加油啦！

画板哥：刚才拍的照片都按顺序排列在背景列表里了，只要依次切换背景，看
起来就像动起来了一样呢。接下来，我们要使用 **外观** 分类里的
下一个背景，把它拖进脚本栏吧。

喵太郎：原来是这样啊。好简单。

把 下一个背景 拖
进来，对吧

画板哥：下面就可以点击这个模块来运行了。试试一边点击模块一边观察舞台吧。

喵太郎：点击模块的时候，舞台背景会变化。第1次点击是白色的，第2次是我的照片，第3、4、5次点击的时候，贝壳就动起来了！好棒！

画板哥：是的，这样反复点击按钮就可以了。之前拍的大头照和开始的背景就删掉吧。打开 背景 。

喵太郎：打开了。第1张白色的背景和第2张大头照不要了，对吧？

画板哥：是的，用鼠标点击第一张背景时，右上角会出现一个 ，点击它就可以删除了。

喵太郎：第1张删掉，第2张也删掉……好了！

画板哥：下面，为了实现自动播放，来使用循环模块

 试试看吧。我们把它设成按下空格键就可以启动程序吧。

喵太郎：设好了，我这就按下空格键试试。啊！速度好快，根本看不清楚啊！

画板哥：是啊！让它稍微慢一点吧。该用哪个模块呢？

喵太郎：用 等待 1 秒 吧。但是那样有点太慢了。改成 等待 0.1 秒 就可以了吧？

画板哥：如果设成"等待 0.1 秒"，就是 1 秒之内切换 10 次画面。实际上，你喜欢的那些动画一般都是 1 秒切换 30 次或者 60 次[※]，电影一般是 1 秒切换 24 次。单位时间内切换次数越多，动画流畅度越高，拍摄难度也就越高。如果 1 秒切换 10 次，还算比较容易。另外，还要注意这里的时间要根据实际情况调整哦。

喵太郎：嗯，那么我就多拍几张，制作个长动画吧。

※ 准确地来说，规格包括 1 秒切换 29.97 次（NTSC）和 59.94 次（数字高清）这两种，当然也还有别的规格哦。

玩转用静态照片制作的小动画

画板哥：怎么样？大作完成了吗？

喵太郎：嗯，拍了大概 50 张照片，正在放着呢。标题是"贝壳运动会"，就是让贝壳在屏幕里来回地跑。但是中间有一些错误的照片，播放起来会有些奇怪。

画板哥：那把这些照片删除掉不就可以了吗？

喵太郎：照片都差不多，从 50 张里找出来太难了。

画板哥：那就稍微改一下脚本，让动画可以手动前进或后退吧。既然是自己编程序，那干脆把它设计得更好用一些就好啦。

喵太郎：这样的话，那我就改成按右箭头前进，按左箭头后退好了。另外，现在只能用红色按钮停止脚本，但是我想让按下 S 键的时候也可以让脚本停止。这个该怎么制作呢？

画板哥：喵太郎，你太贪心了吧。不过，反正都是使用键盘上的按键来操作，所

以只要和 搭配使用，更改其中的按键，似乎就可以了。先从"停止"开始制作吧。

喵太郎：停止很简单啊。 [停止 全部▼] 和红色按钮的作用是一样的。点击 [当按下 空格键▼] 上面的▼，然后在下拉菜单中把模块改成 [当按下 S▼]，最后在下面接上 [停止 全部▼] 就完成了。

画板哥：好了，"当按下S停止全部"这个脚本已经制作好了。下面该制作 [当按下 右移键▼] 这个脚本，让动画前进了。

喵太郎：用播放脚本里出现的 [下一个背景] 可以吗？然后在前面接上 [当按下 右移键▼]，对吗？

画板哥：没错，现在按下右箭头就可以前进了。对了，后退到上一个定格的脚本该怎么制作呢？

喵太郎：要是能有"将背景切换为上一个背景"这样的模块就好了，可是现在没有这个模块，后退不可能实现了吧？

画板哥：你好好找一找。看看还有哪些用来更换舞台背景的模块。

喵太郎：只有 [将背景切换为 照片53]※ 、 [将背景切换为 照片53 并等待] 、 [下一个背景] 这3个，没有"将背景切换为上一个背景"呀。

※ " [将背景切换为 照片53] "中的"照片53"那里显示的是最后拍摄的照片的编号，该编号因照片数量而异。

画板哥：真的吗？再看一下 将背景切换为 照片53 。我们可以按▼，在菜单里选一下要
　　　　更换的照片呢。

喵太郎：嗯，菜单里有我拍的所有照片，点击 将背景切换为 照片7 就又变了一个背景，
　　　　但是还是不能切换到上一个背景啊。

画板哥：拉到菜单最底下就能找到 将背景切换为 上一个背景 了。

喵太郎：好隐蔽啊！在这里根本找不出来！然后，把它放在
　　　　 当按下 左移键 的下面就搞定啦。这样，自动播放、停
　　　　止、前进、后退的功能就都有了！

要想切换到上一个背景，还可以用这样的方法

　　我们还可以自己来制作一个喵太郎想要的模块。使用 背景 # 模块即可知道当前背景的编号。也就是说， 背景 # - 1 就是前一个背景的编号。把这个数字放到 将背景切换为 照片53 里，就是切换到上一个背景的意思。背景编号就是背景列表左上角显示的数字。

照片5
480x360

画板哥：这样就可以很方便地找出有问题的照片了！

喵太郎：找到了！把背景栏打开，删掉它。然后还要把这个这样改一下。啊，那张也要改一下！

画板哥：玩得挺过瘾吧？还有可以看大家用 Scratch 制作的动画的网页呢。喵太郎，赶紧把你制作的作品也拿去投稿吧※！

喵太郎：好的！我要让全世界的人都来看我制作的宝贝动画！

※ 详情请参考如下专栏中的内容。

定格动画工作室

　　将各种 Scratch 作品分类汇集起来的网页叫作工作室（Studio）。定格动画在英语中称为 Stop Motion Animation，所以可以用 Stop motion 等关键字在 Scratch 网站上搜索一下，应该能找到定格动画工作室。有些工作室允许个人添加作品，有些工作室需要给工作室的管理员留言，申请把自己的作品添加进去。如果你制作出了有趣的作品，可以试着添加一下哦。

与动画相关的一些工作室

例如，有如下这些与动画相关的工作室哦。

· Stop-Motion Animation（可以自己添加哦）

https://scratch.mit.edu/studios/175939/projects/

· Stop Motion（要留言申请哦）

https://scratch.mit.edu/studios/90202/projects/

· Stop-Motion Projects（要留言申请哦）

https://scratch.mit.edu/studios/701570/projects/

拓展课题 1　如何让很多东西动起来

只要摄像头的拍摄范围内能摆得下，就可以加进很多东西。可以试试制作出擦肩而过、相撞等各种动感效果哦。

拓展课题 2　可以加些东西

比如给运动物体加上五官制作成一个卡通形象，或是用画图纸、纸板等给你的卡通形象制作些小道具和装备，打造出自己的世界。

拓展课题 3　怎么才能拍得更轻松

使用 **侦测** 中的 将摄像头 开启 ，可以让摄像头的图像重叠显示在舞台上。这样一来，最后拍摄的照片与下一张照片的差别就很容易看出来，能让拍摄更轻松哦。下面这个脚本的功能是用 w 键来重叠显示并用 q 键来消除显示。

Scratch 2.0 离线编辑器

使用 Scratch 2.0 时，浏览器需要连网。但有时可能没有合适的网络环境，连不上网。为了在无法用浏览器访问 Scratch 网站的情况下也能正常使用 Scratch 2.0，这里还有一种可以单独使用的离线编辑器。

离线编辑器的下载和安装方法在下面的链接里有说明。

https://scratch.mit.edu/scratch2download/

这个离线编辑器与通过浏览器使用的在线版本用法基本相同，只是要注意不能使用自动保存等连接网络时才有的功能。

用脚本复制角色的"克隆"功能

使用"克隆"功能，就可以通过执行脚本来复制角色哦。具体的使用示例可参照下面的内容。

可以检测出动作的"视频移动"

摄像头不仅可以拍照，还可以检测出视频里被拍摄物体的动作呢。例如，在下面这个脚本里，如果用手触碰被拍摄物体，其移动就会被摄像头检测到，那么它的克隆体就会增加，并在 1 秒后消失。在 侦测 分类里也有与视频移动有关的模块，可以试试看哦。

数学 × 实践 多边形与星形

喵太郎：用 Scratch 也能学习啊？

画板哥：对呀，快点打开 Scratch 的编辑器吧。

喵太郎：打开 Scratch 的网页，单击"创建"。

画板哥：今天就让小猫来帮我们画线吧。其实，这只小猫是拿着一支笔的哦。

喵太郎：可是看不出来它拿着笔呀。啊，模块盘上有一个 画笔 分
类呢。

画板哥：对，是的。说是拿着笔，其实是说它有画笔功能。要想启动画笔功能，
就要用到 画笔 里的模块。

喵太郎：知道了。我们快点开始画吧。

让小猫边走边画线

画板哥：先来制作让小猫在舞台上来回走的脚本吧。

喵太郎：就是用 移动 10 步 、 碰到边缘就反弹 和 重复执行 制作脚本吗？

画板哥：不错啊，喵太郎。那就快点把它们组成脚本，然后单击试一下吧※。

※这里小猫倒过来
也没关系。

喵太郎：小猫走的时候，只要碰到边缘就会反弹回来。但是它总是在一个地方走来走去，我们能让它把整个舞台都走遍吗？

画板哥：那就试试直接用鼠标控制角色方向吧。

喵太郎：OK！什么？小猫的图标上竟然没有 Scratch 1.4 里那样的蓝色线条。这样一来，就没法控制方向了啊！

Scratch 1.4 中会显示出蓝色的线条。

画板哥：在 Scratch 2.0 里，这条线是在角色列表中的。舞台下面的小猫图标左上角有一个 图标。你点击这个图标试试。

喵太郎：哇！打开了一个新页面。角色的名称和旋转模式都在这里。但是，还是没有蓝色线条啊。

画板哥："方向"右边的 就是啊。

喵太郎：哦，在这里啊。那就可以把倒着的小猫的方向调回来了。好了，现在小猫开始在舞台上走起来了。

画板哥：下面该试试画笔功能了。你先把 画笔 分类里的 落笔 拖到脚本区里。

喵太郎：要把 落笔 和其他模块接在一起吗？

画板哥：先不把它和其他模块接在一起，单独用用看吧。把它放在脚本区里空白的地方，试试单击 落笔 。

喵太郎：单击一下 落笔 ……哇！小猫开始边走边画线了！拖动 ⊖ 还可以让小猫改变画线的方向呢。

画板哥：对，这就是画笔功能。

消除笔迹的方法

喵太郎：小猫来回走，弄得舞台上都是线，真想清理干净呀。

线好乱啊

画板哥：　**画笔** 分类里有一个 **清空** 模块，就用这个吧。

喵太郎：哇，点击以后所有笔迹都消失了。现在脚本已经启动了，我们赶快开始画图吧。

画板哥：这里还有一个 **抬笔** 模块呢！这个模块可以让小猫停止画线。其实所谓的落笔和抬笔就是小猫的笔尖落在舞台上和离开舞台的意思。

喵太郎：真的呢，单击一下 **抬笔** 就停止画线了。这里还有 **将画笔大小增加 1** 和 **将画笔颜色增加 10** 呢。

画板哥：这些我们一会儿再说，先开始画图吧。开始之前先按下 **清空** ，把舞台上残留的线去掉。如果小猫还在走，就先让它停下来。点击运行中的模块或按下 ● 都可以停止运行。

喵太郎：知道啦。

画正方形

画板哥：喵太郎，你知道什么是正方形吗？

喵太郎：知道啊。正方形是一种四边形，它的四条边长度相等，四个角都是直角。也就是说，正方形就是四边相等、四个角都是 90 度的四边形。

画板哥：没错，那么我们来试着画个正方形吧。

喵太郎：好啊。但是没有尺子，怎么测量边长啊？

画板哥：问得好。这里，边长可以用猫的步数测量。我们可以规定边长为小猫走 100 步的长度。让小猫直走 100 步，旋转 90 度，再走 100 步，旋转 90 度……一共执行 4 次"前进后旋转"指令试试看吧。

喵太郎：哦，这样啊。小猫的步数就相当于用尺子测量的边长，旋转角度就相当于用量角器测量的角度。那么我们先把 **移动 10 步** 和 **向右旋转 ↻ 15 度** 连在一起，然后把数字分别改为 100 步和 90 度。一共需要执行 4 次，所以制作完 1 组模块之后要复制一下哦。

画板哥：复制模块时，光标放在要复制的模块上，按下鼠标右键，在菜单里选择"复制"。另外，也可以用 复制。旋转角度都是 90 度就好了。

喵太郎：好了，点击一下开始运行。咦，怎么回事？没动啊。

画板哥：因为移动速度太快了，所以看不见它在动，看起来就像一直在原地一样。还有，不要忘了落笔哟。

喵太郎：嗯，先点击 落笔 ，再点击脚本。诶？为什么画出来是斜着的呢？

画板哥：那是因为开始画之前没有让小猫向右旋转 90 度吧。如果正方形超出了舞台，那么可以把小猫拖到舞台的中间。另外，如果小猫太大导致看不清画的线，我们可以把它变小一些。点击舞台右上角的 图标，等光标变成箭头形时再去点击小猫就可以了。

喵太郎：原来如此啊。把让它朝右的模块 面向 90▼ 方向 放在脚本最上面，然后再把小猫变小……搞定了！

加上这个模块

整理脚本

画板哥：对了，你看脚本，不觉得缺了点什么吗？

喵太郎：嗯……没有加 当 被点击 模块？

画板哥：是的。如果是在项目页里，看不见编辑器，就不能点击模块了，所以这时就必须加上 当 被点击 这个模块。你再看看，还缺别的吗？

喵太郎：还缺吗？不缺了吧，反正已经能动了。

← 加上这个模块

画板哥：我来提示你一下吧。如果要用同样方法画 100 个三角形，该怎么办？

喵太郎：复制 100 次？太麻烦了吧。如果能自动重复同一个事情就好了……啊，

对了，可以用 控制 分类里的 重复执行 10 次 呀！

画板哥：对了！

喵太郎：把 重复执行 10 次 里的 10 改成 100！啊，不对，这次要画正方形，所以

改成 4 才对。弄好了呦。

画板哥：还有，每次把舞台上的线删掉不是也很麻烦吗？其实把 清空 加到

当 被点击 和 面向 90▼ 方向 之间就可以了※。

喵太郎：这样啊，看起来好简单啊。这个脚本做的事还可以组成个句子读出

来呢。

※如果把 落笔 放进脚本里，就可以画出线来
呦。大家想想看应该把它放在哪里吧。

画正三角形

画板哥：下面用这个脚本画一下其他正多边形吧。明天上课还要学三角形吧，你知道什么是正三角形吗？

喵太郎：就是三边相等的三角形吧。

画板哥：没错。那么就画一下正三角形吧。把正方形的脚本改动两处就可以了哦。

喵太郎：嗯……前面的四边形是重复4次，那么三角形就是重复3次吧。正三角形的内角是60度……

画板哥：嗯，你知道内角啊，不错嘛！

喵太郎：嘿嘿！我把脚本改一下试试。啊，什么情况！怎么走成这个样子了呢？

画板哥：怎么解释呢……要不你把自己当成角色实际走一下试试吧，先从正方形开始。

喵太郎：嗯。要是走100步就太累了，所以我用1大步代替100步，然后右转90度吧。这样重复4次，走一圈就是一个正方形了呢。

画板哥：是的。跟刚才一样，再走一个正三角形吧。

喵太郎：用1大步代替100步，再右转……啊，旋转角度比正方形大啊。这是多少度啊？

画板哥：之前我们说正三角形的内角是60度，可角色旋转角度是内角吗？

喵太郎：啊，难道不是内角是外角？

画板哥：我们来确认一下吧。

喵太郎：嗯……外角度数是180减去内角得到的度数，那就是180 − 60 = 120。我修改一下脚本里的旋转角度再运行一下试试。啊，这回是正三角形了！

喵太郎真棒！

画各种各样的正多边形

画板哥：下面该制作画正六边形的脚本了！

喵太郎：刚才画失败的三角形好像就是半个正六边形啊。所以，会不会是重复
次数是 6 次，旋转角度是 60 度呢？我试一下看看。

画板哥：没错。下面咱们趁热打铁，制作画正五边形的脚本吧。

喵太郎：诶？我不知道正五边形的外角度数是多少啊。不过，我觉得应该是在
正六边形和正方形之间吧。

画板哥：嗯……这样吧，我们把这些数据都整理成表格来看一下。你从这个表
中发现什么了吗？

正多边形的种类	边数 （角数，重复次数）	外角 （旋转角度）	边数 × 外角
正三角形	3	120	?
正方形	4	90	?
正五角形	5	?	?
正六角形	6	60	?

喵太郎：嗯……还是不太懂。

画板哥：别放弃，再好好想想。用乘法想想。

喵太郎：乘法？嗯……难道是……啊，边数和外角的乘积都是 360！

画板哥：喵太郎，你在制作画正方形的脚本时说过"走一圈"，那么一圈是多少度呢？

喵太郎：360度！对啊，不管是什么样的多边形，一圈都是360度。

画板哥：对。那么五边形的外角呢？

喵太郎：好……好难啊！

画板哥：边数 × 外角 = 360，所以如果知道了边数，用除法就可以求出外角了。

喵太郎：其实我也想到了这个方法。所以就是 360÷5。用竖式计算……

$$
\begin{array}{r}
72 \\
5\,\overline{)\,360} \\
35 \\
\hline
10 \\
10 \\
\hline
0
\end{array}
$$

喵太郎：是72！重复次数就是边数，那么就是5次，旋转角度是外角，所以要改成72度。好啦！

画板哥：不错啊，喵太郎。你自己发现新法则了呀[※]！

喵太郎：正多边形的外角是"360÷边数"！

※ 想一想怎么才能让图形的角朝上吧，很有趣哦。

你见过正七边形吗

画板哥：那么下面该制作画正七边形的脚本了吧？

喵太郎：简单。360÷7 是……啊，除不开啊。商 51 余 3。

画板哥：对，这个算式是除不开的。如果不取余数，用小数表示，就是 51.4285714… 这个无限小数。

喵太郎：这样不行吧？

画板哥：这里就要用到 [运算符] 分类里的 [○ / ○] 了。如果使用这两个模块，直接把算式放脚本里就可以了。

喵太郎：哦，但是这个"/"是什么啊？

画板哥：在电脑的世界里，"/"就代表"÷"，"*"就代表"×"。

喵太郎：这么说起来，的确是呢。好啦，那么重复 7 次，旋转角度改为 [360 / 7] 试一下咯。啊，这就是正七边形呀？第一次见！

这就是电脑的强大之处！

62

使用变量

画板哥: 下面该画正八边形了。不过每次都要改很多地方的数字，真麻烦啊。你观察一下正七边形的脚本，看看有没有一样的数字。

喵太郎: 重复次数和除数都是 7。

画板哥: 是啊。这里试试用变量吧。

喵太郎: 哦，变量啊。但想不起来变量是什么了……

画板哥: 变量是一个可以自由变化的量，就是能变的数。

喵太郎: 啊，我好像想起来了。

画板哥: (真是让人不放心啊……) 如果把刚才的数改成变量，只要把正多边形的边数当作变量的值输进去，那么不论是几边形都可以画出来呢。

喵太郎: 这样好方便啊。

画板哥: 那么就赶快创建一个新变量吧。单击 **数据** 分类里的 新建变量 ，打开"新建变量"对话框，输入变量的名称。名称就叫"边数"吧。这个变量的使用范围也可以设置一下，这次选"适用于所有角色"就可以了[※]。

※ 页面上可能会弹出Cloud variable(stored on server)的提示，这次先不用管。如果一定想知道是什么，可以看第89页。

创建变量之后模块就增加了呢!

喵太郎：这里使用 边数 ，制作出 重复执行 边数 次 和 360 / 边数 这两个模块就

可以了吧？可是边数怎么设呢？

画板哥：要用 将 边数▼ 设定为 0 这个模块哦。

喵太郎：原来如此啊。那么，如果画正七边形，就输入数字 7，把

将 边数▼ 设定为 7 夹在 清空 和 面向 90▼ 方向 中间，这样就也能制

作出正七边形的脚本了。

画板哥：下面我们制作个画正一百边形的脚本吧。

喵太郎：好啊。如果这个也能用重复执行，那么我们可以……

画五角星

画板哥：对了，你会画五角星吗？

喵太郎：我会用手画，一笔就能画下来。

画板哥：这么说，你应该会用刚才画多边形的方法画五角星吧？

喵太郎：啊……好像很难的样子。太麻烦了，我不懂。

画板哥：还有很多有意思的呢，别放弃哦。

喵太郎：好吧。那么，我再当一次角色走一遍吧。走100步，旋转的时候感觉
就像原地转圈一样。角度是多少度呢？线条的数量是5条，所以重复
5次就可以了吧？

画板哥：没发现什么吗？

喵太郎：啊？难道在画星形的时候我转了两圈？

画板哥：对，画星形要转两圈。那么该怎么改脚本呢？

喵太郎：如果是正多边形，一圈是360度，两圈就是360×2 = 720度吧？

画板哥：我们干脆试一下吧。Scratch最大的好处就是随时都可以试试效果。

喵太郎：好！那么我在原来写着360的地方放入 （ ）* （ ），这样它就变成了

（360 * 2）/ 边数 。搞定！运行一下试试咯！

喵太郎：太厉害了！画出五角星了！我要拿到学校给大家都看看！

画板哥：那么能不能画其他星形呢？试着改变边数看看吧。

喵太郎：咦？边数改成4之后，竟然画不出来了。

画板哥：对哦，为什么呢？你可以把各种情况都试试然后思考一下哦。话说回来，我们现在尝试的这些图形画法和学校里学的画法在思路上不太一样呢。看来解题思路真的是多种多样啊。

喵太郎：啊，这个跟学校里学的不一样吗？那这还能算是预习么……

了解"画笔"分类中的模块

❶ 清空

可以清除画笔或图章等所有画出来的痕迹。

❷ 图章

每执行一次这个功能，舞台上就会原样复制出一个角色。

❸ 落笔、抬笔

落笔后，角色就可以在舞台上画出线来，抬笔后则停止画线。该模块执行一次相应状态就会一直持续下去哦。

❹ 将画笔的颜色设定为□

可以改变画笔的颜色。点击□处，光标变为手指形状后，即可在 Scratch 的窗口中点选喜欢的颜色。

❺ 将画笔颜色增加 10、将画笔的颜色设定为 0

这里可以指定画笔的颜色代码来更改画笔颜色。用比较专业的词来说，改变的是"色相"。至于具体的数字范围与颜色的关系，可以自己试试看哦。

❻ 将画笔的色泽度增加 10、将画笔的色度设定为 50

让画笔的颜色按照"黑——原来的颜色——白"来变化。如果用专业的词来说，变化的就是"亮度"。你也可以自己来试试这里的数字与颜色浓淡之间的关系哦。

❼ 将画笔大小增加 1、将画笔的大小设定为 1

这里可以用数字来指定画笔的粗细哦。可以试试把画笔设成最粗的，看看会怎么样。

来试试改变画笔的粗细吧

改变画笔的颜色可以画出色彩丰富的图形来，而改变画笔的粗细也许能画出意想不到的有趣图形呢。

来试试改变边的长度吧

图形的大小也是可以自由变换的呢。如果多边形的边数已经多得超出舞台的范围了，也可以缩短边长来试试哦。

来试试画出各种各样的正多边形和各种多角星吧

为什么画不出边数是偶数的多角星呢？如果不是转 2 圈，而是转 3 圈来画星形图案会怎样呢？是不是也能画出不能一笔画下来的图形来呢？可以试试修改脚本，比如改变数字和变量等，看看会怎么样。

来试试一边画图一边移动吧

你能制作出一边画很多星星一边在舞台上移动的效果吗？

效果示例

车窗模拟器

喵太郎：还是半懂不懂……

剪刀妹：你好啊，喵太郎！干什么呢？

喵太郎：在用 Scratch 制作月亮一直追着我们的模拟器呢，不过好难啊。

剪刀妹：模拟器？真棒啊，你还知道这么难的词啊。

喵太郎：我之前不是制作过一个可以模仿小蚂蚁动的模拟器吗※？

剪刀妹：哦，那我不打扰你啦。

喵太郎：等一等！大家一起想一下嘛。你不是说过
　　　　"因为它离我们比较远"什么的吗？

剪刀妹：自己思考才是最重要的嘛。不过现在离跟画
　　　　板哥约好的时间还有些早，我就帮帮你吧。

※《Scratch少儿趣味编程》中"科学 蚂蚁模拟器"部分有关于模拟器制作方法的介绍哦。关于模拟器的内容，请参考本书第112页。

回想一下从车窗里看见的景色吧

当小汽车、公交车、电车等交通工具跑起来的时候，窗外的景物会很快地掠过车窗。因为我们是坐在车里向外看的，所以窗外的景物看起来像是在朝着和我们的行进方向相反的方向移动。而且，离我们近的景物移动速度比较快，离我们远的景物则看起来慢一些。

为什么远的物体看起来移动得慢呢

我们来想象一下球在眼前运动的情景吧。

假设在一段时间 t 里，球的行进距离为 a，其可视范围（视野）内的角度变化为 b（如下图左侧所示）。

同时假设球在更远的地方，以同样的时间 t 移动距离 a 时，可视范围（视野）内球的角度变化为 b'（如下图右侧所示）。

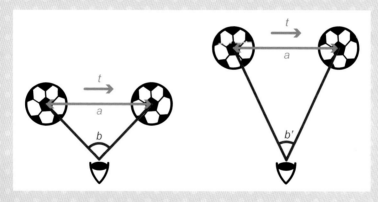

如图可知，b' 的角度比 b 的角度小一些。而角度变化所用的时间是相同的，都是时间 t，所以会让人感觉远处的球比近处的显得速度慢一些。同样的道理，月亮离我们很远，即使它的相对速度很大，角度变化也很小，所以看起来才会是静止不动的。

喵太郎：车开在山路上的时候，我们会发现离得近的树移动得比较快，离得远的树移动得就慢一些。

剪刀妹：月亮就没有动，是吧？

喵太郎：嗯。傍晚的时候从牧场边上经过，路边的栅栏一下子就从眼前过去了，里面的牛慢一些，后面的建筑物更慢，而落日的地方基本不动。

剪刀妹：你记得很清楚嘛！把回忆起来的情景用 Scratch 制作出来吧。

让小猫往窗外看

剪刀妹：我们首先需要一个窗户。把整个舞台当成窗户怎么样呀？小猫这个角色可以直接用。我们用它来代替往窗外看的喵太郎吧。

喵太郎：难道我在你心里就是这个样子？我不是明显比它帅很多吗？

剪刀妹：呵呵，不聊这个啦。因为这个猫是坐在车里的，所以不用动。为了让它看起来更像往窗外看的样子，我们把它放大一些，移动到窗户旁边。

喵太郎：如果要放大，点击右上角的 ⊠ 之后，再点击小猫这个角色就可以了。多点几次就变大了。

剪刀妹：为了能让它看起来是在往窗外看，你要把它移动到舞台下面，只留一个脸。

喵太郎：我已经把小猫拖到舞台下面了。但是，如果往外看，脸的朝向是不是有些奇怪？

剪刀妹：喵太郎，你还真会挑毛病。那么就把脸去掉吧。

用绘图编辑器去掉小猫的脸

先确认有没有选中小猫。如果还没有选中，就先点击小猫这个角色，然后点击 造型 ，打开绘图编辑器。现在这只猫有 2 个造型，用第 1 个造型就可以。

喵太郎：我觉得把脸去掉一般会用橡皮，但是菜单里没有这样的工具啊。

　　嗯，Scratch 2.0 中有用矢量模式绘制的角色，比如这只猫。在矢量模式中，图像是按照直线和曲线来管理的。所以在放大或缩小图像时，边缘比较流畅。复杂的图形则是用多个重叠在一起的零件来表示的。这里这只猫脸上的零件，也就是眼睛、鼻子、嘴巴都是可以拆卸的哦。

喵太郎：拆卸？听起来好恐怖啊。

　　在绘图编辑器里点击 ▶（"选择"按钮），再点击小猫这个造型。然后小猫四周就会被一个四边形的方框围住，被围住的范围就是一个零件。

喵太郎：可是虽然点击了猫的眼睛，但方框围住的还是整个角色。这就是说，整个角色是一个零件吧。

　　是呀，因为所有零件都组合在一起，成了一个角色嘛。可以在选择小猫之后同时点击 ▣（"取消分组"按钮）来取消组合，这样就能把小猫分成多个零件了。

现在该把眼睛、鼻子和嘴巴去掉了。点击一下就可以选中相应的零件了，选中之后点击 BackSpace(如果是 Mac 系统，请点击 Delete) 来删除零件。如果出错了，可以点击 ↰ （"撤销" 按钮）返回上一步。

喵太郎：**点击一只眼睛……去掉了！**

剪刀妹：剩下的一只眼睛，还有鼻子和嘴巴也都没用了，把它们也去掉吧。

喵太郎：嗯，嘴巴边上的白色部分也挺碍事，可是我点击之后选中的是整个头……

　　这种情况下，可以再次选中头部，取消组合。

喵太郎：真的呢，现在就可以选中白色部分了。

剪刀妹：去掉这部分之后，小猫看起来就像是背对着我们的。

这个胡子看起来还是有些奇怪啊……

制作经过的景物

剪刀妹：不要在意那些细节啦。现在要制作外面的景色了，我们先调出一棵树放在舞台上吧。

　　想要调出角色，就应该点击舞台下方的 🐱，点击之后就会弹出角色库。树属于"物品"分类，所以要点击 物品 。点击之后，把滚动条往下拖，就可以看见一棵椰子树（Palmtree）。选中 Palmtree 之后，点击右下角的 确定 就可以了。

选中 Palmtree 后点击"确定"

喵太郎：椰子树到舞台上来了。啊，怎么到小猫头上去了啊？

剪刀妹：这时可以用鼠标把小猫拖到前面来。

喵太郎：真的呢！最后拖动的角色会到前面来。

剪刀妹：另外一种方法是选中小猫，并使用 **外观** 分类中的 移至最上层 ，作用都是一样的。

把小猫拖到
前面来

剪刀妹：下面制作一个脚本，让树动起来。应该用哪个模块呢？

喵太郎：用 动作 分类里的 移动 10 步 吧。我已经把它们拖到脚本区了，点击之后这棵树就会从左边移动到右边。不过我是从左边的车窗向外看的，所以景色应该是从右边往左边移动才对，现在该怎么弄呢？

剪刀妹：可以用移动 –10 步的方法。但是这次还是先用别的方法吧，比如改变一下椰子树的方向。

把 面向 90 方向 拖到脚本区，点击 90 中的▼，选择 (-90)向左 ，然后把 移动 10 步 放在 重复执行 里面。

喵太郎：搞定！但是椰子树是倒着的啊，而且碰到边缘就会停下来。用 碰到边缘就反弹 的话它又会反弹回来。

你注意到一个很好的问题嘛。倒着的问题一会儿再处理，现在我们先让树到达左边之后，再从右边出来。这稍微有些复杂，我们一点一点地说吧。首先你需要知道舞台的大小。舞台的横向（x 坐标）是 –240 至 240，纵向（y 坐标）是 –180 至 180。角色在舞台中的位置可以通过 动作 分类中的 x座标 和 y座标 来查看。检测角色是否碰到了左侧，也就是检测角色的 x 坐标是否小于 –240。

喵太郎：这么说，也就是把脚本制作成"如果 那么 "将x坐标设定为 240 ""
　　　　这样就可以。搞定啦。

剪刀妹：那么就试着运行一下程序吧。

喵太郎：但是要先把倒着的问题解决一下啊。

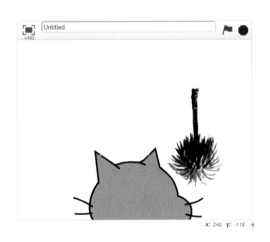

剪刀妹：对哦。"面向 –90（左）方向"就相当于在"面向 90（右）方向"的
　　　　状态下旋转 180 度，所以才会刚好倒过来。那么我们必须得增加一个
　　　　 将旋转模式设定为 不旋转 模块才可以。点击 将旋转模式设定为 左-右翻转 中的 ▼，
　　　　选择"不旋转"。这个模块修改好了之后，就可以点击脚本运行一
　　　　下了。

加上这个模块

喵太郎：感觉不错呢，树从车窗外很流畅地过去了。我还想制作些其他东西，所以我们在树的后面加几只动物吧。

制作稍微远一些的景物

剪刀妹：好啊，在树的后面加个狐狸吧。点击舞台下方的 ，在"动物"分类里找到 Fox。

喵太郎：找到了。我想让狐狸在树后面，可是它又到前面来了。真没办法，只能先把树拖到前面，再把小猫拖到前面了。

剪刀妹：嗯，那么下面就制作脚本，让狐狸也动起来吧。模仿树的脚本来制作就可以了吧？

新制作一个脚本其实也可以，但是这次就直接把树的脚本复制到狐狸上用吧。在复制之前要先稍微改一下脚本。以前都是直接点击脚本来运行的，但是现在角色增加了，为了不用逐个点击脚本就能运行程序，我们给脚本加上 吧。

脚本改好了之后，拖着前面的 当 被点击 处，把它拖到角色列表中的狐狸图标上，只要光标与图标重合就可以松开鼠标了。然后脚本就会被复制到狐狸里面。

喵太郎：啊？我把脚本拖过去了，可是感觉并没有复制进去而是直接回来了。要再来一次吗？

剪刀妹：应该没关系，点击狐狸图标确认一下吧。

喵太郎：啊，已经复制过来了。好了，那么就点击 🏳 试着运行一下吧。

剪刀妹：嗯，如果脚本没有复制到狐狸里面，可以再复制一次。话说，脚本运行得怎么样？效果还满意吗？

喵太郎：倒是运行起来了，不过，因为狐狸和树是同一个脚本，所以它们的动作完全是同步的。狐狸在树的后面，它要是能慢一些就好了。

剪刀妹：那么你想怎么改呢？

喵太郎：我觉得， 移动 10 步 是决定速度的，所以要想让狐狸慢一些，可以把它改成 移动 5 步 ，你觉得呢？

剪刀妹：可以啊，试一下吧。

喵太郎：把数字改成5，点击一下 🏳 。嗯……感觉不错，但是要是能自由改变速度就好了。因为开车的时候，有时候开得快，又有时候会堵车。

剪刀妹：这个想法不错啊！啊，都这么晚了，我得走了。

喵太郎：啊，才刚过一小会儿啊！

改变汽车的速度

剪刀妹：那我再待一会吧。要改变速度，就不能用确定的数，而是要用会变的数，所以应该用变量。

喵太郎：对啊！如果可以创建一个变量 速度 放在 移动 10 步 里，代替里面的 10 就好了。点击 数据 分类里面的 新建变量 ……啊，应该选"适用于所有角色"还是"仅适用于当前角色"啊[※]？

※可能会弹出Cloud variable(stored on server) 的提示，这次先不用管，如果一定想知道这是什么，可以看第89页。

剪刀妹：那么这个 速度 是什么的速度呢？如果是自己坐的汽车的速度，那每个角色跟它的关系都是一致的。

喵太郎：哦，那就选择"适用于所有角色"吧。选好之后点击"确定"就可以了。

剪刀妹：把这个 速度 分别放在狐狸和树的脚本里，制作成 移动 速度 步 这样就可以了。

喵太郎：好，完成了。但是，这样狐狸和树的速度就一样了啊。

●改成这样

剪刀妹：这个先不要管，我先告诉你一个很方便的改变 速度 里面的数的方法。
在创建这个 速度 的时候，你有没有发现舞台上多了个 速度 0 呢？

喵太郎：这个我知道哦，这是可以看到变量内容的变量监视窗吧？点 ☑ 速度
左边的勾选框就可以让这个监视窗显示或隐藏起来，但是这里的数字
怎么改不了啊？

剪刀妹：是吗？双击（连着快速点击两次） 速度 0 试一下。

喵太郎：啊！变成 0 了！但是里面的字变大了。

剪刀妹：试着再双击一次 0 吧。

喵太郎：这次变成 速度 0 了。下面多了个奇怪的东西呢！

剪刀妹：下面的这个东西叫作滑动条哦。可以试着拖动那个圆圆的东西。

喵太郎：啊，数字变了！刚才树是移动 10 步，所以这里也改成 10 吧。

剪刀妹：再试试点一下 ⚑ 吧。

喵太郎：在脚本运行的过程中也可以拖动滑动条呀！边运行边改变速度的效果
真像汽车行驶的感觉呀！可是狐狸和树按照同样速度通过的感觉还是
有点奇怪。

剪刀妹：刚才树是 移动 10 步 ，狐狸是 移动 5 步 ，对吧？现在两个的速度都
是 速度 了。

喵太郎：哦，这样啊。如果 速度 是 10，那么想让它变成 5 时，除以 2 就可以。
把狐狸的速度改成 速度 / 2 就可以了吧？

剪刀妹：是的。快点试一下吧。

喵太郎：把狐狸的脚本改成 移动 速度 / 2 步 之后点击 ⚑ 运行。啊！跟我想的
一样，太棒了！

椰子树　　　　　　　　狐狸

调整新增加元素的速度

剪刀妹：但是，你不觉得动的东西有些少吗？

喵太郎：我已经用舞台上方的 把狐狸复制到 2 只了。脚本直接复制过来就可以，真方便啊。

剪刀妹：那你能把第 2 只狐狸弄成再远一些的感觉吗？

喵太郎：远一些，也就是动得慢一些吧？

剪刀妹：那就是让除数比 速度 / 2 里的更大吧？

喵太郎：嗯，我也这么想。如果是 速度 / 5 ，就代表 速度 是 10 的时候，它的速度就是 2。我来改一下第 2 只狐狸的脚本吧。嗯，慢下来了呢，感觉不错啊。

剪刀妹：是呢，那你能让第 2 只狐狸移动到第 1 只狐狸和树中间吗？

喵太郎：稍等一下，让我自己想想。除数是 2 的狐狸比除数是 5 的狐狸更远更慢……这么说，是不是应该把除数改成 1 啊？

剪刀妹：是这样吗？别光想，实际操作才是最重要的哦。

83

喵太郎：知道了。我试着改成了 速度 / 1 这样，但第 2 只狐狸的速度变成和树一样了！

剪刀妹：如果是 速度 / 1 ，那么无论 速度 是多少都不会有变化。话说你是怎么想到除以 1 的呢？

喵太郎：因为树后面的狐狸是除以 2，再远一些的狐狸是除以 5，所以我觉得越远数字越大，越近数字就越小，那么比 2 小的就是 1 了嘛。

剪刀妹：想得不错，就是有点可惜。难道说，喵太郎，你不会小数吗？树的除数是 1，狐狸的除数是 2，这之间是几呢？

喵太郎：小数我还是知道的，就是像 0.8、1.5 之类的吧。比 1 大又比 2 小的数应该就是 1.5 之类的。那么我把第 2 只狐狸改成 速度 / 1.5 ，然后点击 ▶ 试一下……好了，感觉真棒！

第 2 只狐狸

制作最远的东西

喵太郎：下面该制作月亮了。可是要怎么做呢？距离那么远，应该
是除以 10 000 000 吧？

剪刀妹：为什么不试一下呢？现在制作的不是精密的科学模拟器，只是一个看
起来在动的动画，最好先试试看再决定。另外，很遗憾，库里没有月
亮这个角色。那么我们点击舞台下方的 ，在"太空"分类里找到太
阳（Sun），用它来替代吧。

喵太郎：太阳距离地球大概 1 亿 5 千万公里，如果换算成"米"就是除以
150 000 000 000 啦。

剪刀妹：喵太郎，你知道挺多知识啊，就是动手实践上做得不怎么好。

喵太郎：你说什么？算啦，不跟你计较。把狐狸的脚本复制到太阳角色上，改
成 速度 / 150000000000 。改好之后，点击 🚩。啊，怎么不动呢？是
不是除法太难算不出来了啊？

剪刀妹：这里是因为算出来的数太小了哦。如果 速度 是 10，那么结果大约是
0.0000000000666…。

剪刀妹：要是太阳太远了，那么我们就再制作一个能稍微移动、离得又比较远的东西吧。在两只狐狸后面加一个房子怎么样呢？你看，"物品"分类里有一个大理石房子（Marble Building）。

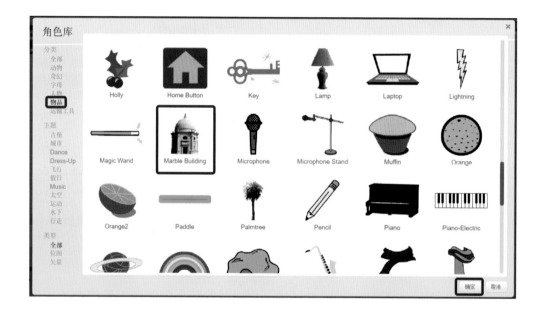

喵太郎：嗯，那么我把狐狸的脚本复制到大理石房子里面，改成 速度 / 50 ，然后点击 ▶ 试试吧……哇，看起来好有感觉啊。

大理石房子

剪刀妹：把位置调整一下，前后对应起来就搞定了。

喵太郎：要是可以根据物体的远近改变除数，那么速度也就可以计算出来了。
好想试一试各种想法啊。

剪刀妹：最后我给大家整理了一个角色和距离以及速度的除数之间的关系表，
大家可以参考一下哦※。

※ 这些数值仅仅是让程序中的物品动得比较自然的数值，并非科学严谨的精确值。

角色	距离	速度的除数
太阳	远	150000000000
宫殿	↑	50
狐狸1		2
狐狸2		1.5
树	↓ 近	1

来加入背景吧

如果在舞台的背景里加上图画或照片应该会更有意思，自己来试试看吧。

指定层的方法

之前是通过鼠标点击来改变前后顺序的，除此之外还有其他方法。使用 下移 ❶ 层 这个模块就可以改变角色的显示顺序（层）。这个模块会以现在的层为标准，将角色向后调。角色越远，数字就要设得越大。与此相对， 移至最上层 的功能则是无条件调到最前面来。

来试试改变窗户形状吧

前面的介绍都是把整个舞台当作窗户的，但如果在最前面制作一个带洞的角色，就可以自由改变窗户的形状了。

来进行准确的模拟吧

不靠感觉，而是使用科学的方法解析各种运动并进行准确的模拟，那才是最棒的。这个现在说起来可能有些难为大家了，但希望大家有机会能试着挑战一下。

在用来编辑造型的绘图编辑器里，点击 **T** 就可以输入想要显示出来的文字。但非常遗憾，Scratch 2.0 里还不能输入中文（Scratch 1.4 是可以的）。如果想要在造型上显示中文，只能是自己绘制或是点击 📤，读入用其他工具制作成的图片文件。所以，如果想使用中文，可以使用除造型以外的其他方法，如 **外观** 分类中的 说 Hello! 或 思考 Hmm... 等，或是试试能不能用变量或链表的监视窗等功能。

在关闭浏览器或打开其他页面后，普通变量的内容会恢复为最后保存的状态。如果使用云变量，则其内容会保存在服务器上，不会消失。

需要云变量时可以在"新建变量"对话框里勾选 Cloud variable（stored on server）一项。

使用这种云变量可以记录游戏的最高得分，或制作网络对战游戏等。但要注意不可以使用这个功能制作聊天工具，而且只有用户级别达到 Scratcher 的人才能用云变量（具体请见第 139 页）。

新建变量

变量名：

● 适用于所有角色　　○ 仅适用于当前角色

☑ Cloud variable (stored on server)

确定　取消

重复纹样

剪刀妹：Scratch 里面就不会缺颜色，所以一起来制作一个能画出彩虹的脚本吧。

喵太郎：彩虹？我以前制作过跟颜色有关的作品，很好看的哦。

喵太郎：用这个 在 ①到 ⑳ 间随机选一个数 模块可以随机改变小猫的颜色哦，好看吧？

剪刀妹：还挺漂亮的啊。但是你这仅仅是改变角色颜色，通过改变颜色和位置来排列图案肯定更好看。

喵太郎：会更好看吗？小喵一定会喜欢的！可是该怎么制作呢？

剪刀妹：其实我本来想让你自己制作的，但是为了让小喵更开心，还是跟你一起制作吧。要先准备一下哦，你先在 Scratch 网页上点击"创建"按钮，新建一个项目。

喵太郎：已经打开了哦。

剪刀妹：那么就快点制作重复纹样吧。

什么是重复纹样

　　重复纹样就是按照一定规律重复描画图形而成的画。家里面或自己的一些东西上就有重复纹样，例如 Scratch 的背景库中就有很多下面这样的重复纹样。

喵太郎：我房间里的壁纸也是这样的。

剪刀妹：如果仔细看，可以看出这就是在多次使用同样的图形。上面这个背景倒是可以直接使用，但我们是用程序来制作纹样的，所以可以更加自由地设计。话说，我们画什么样的好呢？

喵太郎：小喵喜欢圆点。

剪刀妹：那么就制作圆点纹样吧。

制作圆点纹样的素材

　　首先，我们要制作圆点纹样的基本形状，也就是素材。圆点纹样就是由很多小圆点排列而成的纹样。这次不需要小猫，我们先把小猫删掉，然后画一个圆点。删除小猫时，要先点击舞台右上角的 ，当光标变成剪刀形的时候点击小猫就可以了。然后，点击 ✏ 创建新角色吧。

点击 ✂ 之后
在小猫上点一下

点击

剪刀妹：右侧区域就是用来绘制造型的绘图编辑器，我们在这里画一个圆点。如果把笔变粗一些，只点一次就能画好。

喵太郎：我已经点 ✏ 选择了毛刷，可是怎么把笔变粗呢？

剪刀妹：绘图编辑器的左下角有一个滑动条，这里可以改变笔的粗细。你把滑动条拖到最右边，就可以把笔改成最粗了。

拖到最右边哦

喵太郎：真的变粗了呢。颜色就用蓝色，可以吧？

剪刀妹：那么就用蓝色吧。选择颜色盘上从上数第 4 行、从右数第 3 列的蓝色吧。

选择这个

喵太郎：好，制作好了。是不是转一圈就能画出一个圆点啊？

剪刀妹：不是啊，鼠标不用动，直接在绘图编辑器的正中心画一个点[※]就可以。注意只需要用鼠标点击一次哦。

喵太郎：啊，点的时候手抖了一下，画成椭圆形了。点击绘图编辑器上面的 🔄 重画就可以了吧？

重画

※绘图时改变中心点的
　方法见第133页。

剪刀妹：看起来不错嘛。在绘图编辑器里画好之后，圆点就会显示在舞台上。那么，接下来就用这个圆点制作重复纹样吧。

使用图章模块增加圆点

剪刀妹：喵太郎，你用过 画笔 分类里面的 图章 吗？

喵太郎：在画多边形的时候用过画笔，但是图章还没用过。

剪刀妹：那就试一下吧。点击 图章 ，然后把圆点拖到别的地方试一下。

喵太郎：哇，出现了分身！可以点击很多次吗？

剪刀妹：嗯，可以的。每点击一次 图章 ，舞台上就会出现一个这个角色的副本。

喵太郎：这样啊。 图章 真好玩。

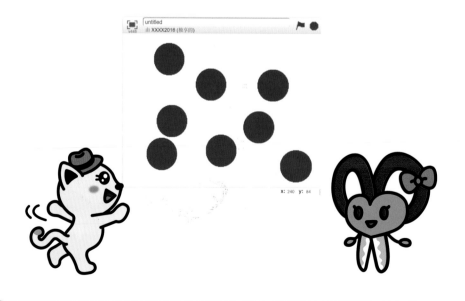

94

但是这样每次都要动手点，所以我们用脚本来试试重复执行吧。

舞台上的圆点分身太多了，咱们先用 清空 把舞台清理一下吧。然后，把圆点拖到舞台最左端，一边按图章复制一边移动它吧。

排成一横行

剪刀妹：点击执行这个脚本会怎样呢？

喵太郎：这个脚本是按下图章后，x 坐标就会增加 100 吧。可是，x 坐标是往哪边增加来着？

剪刀妹：试一下就知道了哦。百思不如一试嘛。

喵太郎：对。啊，我点击了一下脚本，按下图章后圆点往右移动了。点击 4 次之后就排成一行了，总共 5 个哟。

剪刀妹：是的呢。原来的圆点加上用图章复制出来的，总共 5 个，正好在舞台上排成一横行。

喵太郎：如果用重复执行，是不是就可以更简单地画出来了？

剪刀妹：那么就制作一个用图章让圆点排成一行的脚本吧。

喵太郎：好，我先用 重复执行 5 次 把刚才制作的脚本围起来。另外，如果不把舞台清理一下，就会和前面的圆点重叠在一起，所以我在重复执行之前加了一个 清空 。现在把圆点拖到舞台左侧后执行一下看看咯。好了！咦……最右边的圆点上是什么啊？明明重复执行了 5 次，可是为什么是 6 个圆点啊？

把圆点拖到左侧后点击
脚本执行

剪刀妹：这个是最开始的圆点哦。因为是按图章之后向右移动，所以按 5 次图章之后圆点就到最右侧了。反正圆点也不会继续增多了，不用管它。

喵太郎：哦，原来是这样呀。

剪刀妹：还有一个事，每次都要把圆点拖回最左侧太麻烦了。是不是可以看一下最开始的圆点的 x 坐标，让圆点每次回到这个坐标呢？要是使用 将x坐标设定为 0 ，把里面的数变一下就可以了呢。

喵太郎：那么我就先把圆点拖到最左侧吧。要想查看 x 坐标，点击 🛈 就可以了，对吧？

相对坐标和绝对坐标

　　以某物为参照物，表示与这个物体之间的差异的称为"相对"；而以一个任何时候都不会变的事物为参照物来表示就称为"绝对"。对于坐标而言，自己设定的点，例如与某个角色之间的位置差表示的就是相对坐标，而根据不变的原点表示出来的是绝对坐标。在 Scratch 中，`将x坐标增加 100` 为角色的相对坐标模块，`将x坐标设定为 0` 为角色的绝对坐标模块。

　　例如，如果想让多个角色作为一组一起编队飞行，则使用相对坐标，只改变作为基准的角色的坐标就可以让其他角色统一进退了。这种情况下，如果使用绝对坐标，则必须要不断改变所有角色的坐标。相反，如果是绘制统计图表等，即希望角色按照固定的刻度移动，则使用绝对坐标更方便一些。

剪刀妹：对，这里有圆点的当前 x 坐标。你看一下是多少。

喵太郎：我拖过去的地方的 x 坐标是 −200，那么把 `将x坐标设定为 -200` 放在 `清空` 的下面就可以了吧?

剪刀妹：对! 你对坐标还是很熟悉的嘛。

增加每行的圆点数

喵太郎：可是，现在圆点只能排列 5 个啊。感觉和纹样效果还差好多呢。

剪刀妹：5 个已经不错啦，不过的确还差很多。那么，多少个比较好呢？

喵太郎：10 个！

剪刀妹：那就试试吧。

喵太郎：已经改成"重复执行 10 次"了哦。啊，怎么还是 5 个？嗯……舞台的
宽度只有 480，这样一来，100×10=1000，原来是超出屏幕了啊。

剪刀妹：是啊，所以还得改一下移动距离。

喵太郎：10 个圆点的距离应该是多少呢？

剪刀妹：用舞台的宽度除以 10，你会吗？

喵太郎：是不是用 就可以了啊？

剪刀妹：对。如果用这个模块，即使个数改变也不需要自己来计算，非常方便。

喵太郎：那我运行 了哦。啊，这次虽然出来了 10 个，但
是都连在一起，看起来好奇怪。

剪刀妹：嗯，如果圆点太大，超过了移动距离，它们就会连在一起。

喵太郎：那么如果想画出 10 个，就要改变圆点大小吧。我们是不是还要在绘图编辑器里画小一些的圆点啊？

剪刀妹：这时候用 外观 分类里的 将角色的大小设定为 100 就可以哦。

喵太郎：啊，这个我用过！先把圆点大小改成一半，也就是改成 将角色的大小设定为 50 试试吧。

剪刀妹：好。

喵太郎：在最开始时设定一次大小就可以了，对吧？然后把它夹在"清空"的下面。因为圆点变小了，所以我相应地把 x 坐标稍微往左移动了一些，改成 −220 了。好啦，现在圆点间隔刚刚好。

剪刀妹：这个感觉不错啊。无论多少个圆点都可以自由地制作出来了呢。

喵太郎：嗯，如果是 20 个，就是重复执行 20 次，也就是"480/20"，对吧？另外，为了不让圆点连在一起，我把大小调成 30 了。

剪刀妹：那我再给你一个建议吧。制作 20 个圆点时改了 2 处数字，对吧？这
里，如果意思相同的数字使用不止 1 次，用变量会方便很多哦。

喵太郎：哦，对。点击 数据 分类里面的 新建变量 之后输入变量名字就可
以了吧？可是起什么名字呢？

剪刀妹： 一行的圆点数 怎么样？打字对你来说有点难吧？

喵太郎：不难，在学校学过打字，所以还好。

剪刀妹：种类选"适用于所有角色"就可以了。选好之后记得点击"确定"哦。

喵太郎：变量创建好了哟。把 将 一行的圆点数 设定为 20 放在 将角色的大小设定为 30
下面，把重复执行次数处的"20"和 480 的除数处的"20"换成
一行的圆点数 ，对吧？现在我要点击脚本运行一下咯。

剪刀妹：不错嘛，不愧是喵太郎！

增加行数

剪刀妹：现在进展很快啊。是不是该增加行了？你知道
怎么在下面加一行吗？

喵太郎：嗯……我把圆点拖到下一行开始的位置了，可
是开始运行之后第一行就消失了。

第一行消失了

x: -240 y: 180

x: 11 y: 165

剪刀妹：这是因为脚本最上面添加了 清空 哦。

喵太郎：那把第一行的脚本复制过来怎么样？复制时从 将x坐标设定为 -220 的位
置开始就可以吧？也就是点击鼠标右键选中 将x坐标设定为 -220 并复制
之后把它和上面合在一起。

要合在一起哦！

剪刀妹：光这样的话，圆点还会画在同一个地方哦。

喵太郎：这样啊。那么为了让圆点向下移动，我们在第 2 个

将x坐标设定为 -220 模块上面加上 将y坐标增加 -30 吧。

好啦，我点击模块运行一下吧！

剪刀妹：不错。下面就不光是这两行了，我们还要让整个屏幕里都是这样的圆点哦。

喵太郎：可是怎么制作才好呢？每次都要复制，好累啊。要是行数能制作成变量然后重复执行就好了……不过我不会啊。

剪刀妹：为什么说"不会"呢？你都还没有试过呢。

喵太郎：变量我会创建，但是怎么重复执行"行数次"我搞不懂。那么我先创建一个变量 行数 吧。

剪刀妹：创建好之后在重复执行模块里面再加进去一个重复执行模块就可以了呀。

喵太郎：什么意思啊？能加吗？

剪刀妹：来，你看下面这个脚本。最外面的重复执行次数是 行数 哦。

用它围住 ●

喵太郎：总觉得很神奇啊。

剪刀妹：对了，不要忘了设定行数。如果什么都不设， 行数 就是 0，会一行也
画不出来的哦。

喵太郎：好，那就改成 将 行数 设定为 10 吧。

现在我们来依次介绍一下重复执行里面的执行顺序。首先，

就是把它里面的东西重复执行"行数次"。里面的

就是用来画一行圆点的脚本。画好一行后，将y坐标增加 -30 会让圆点往下移

动，而 将x坐标设定为 -220 会让圆点回到最左侧，并开始画下一行。你明白了吗？

喵太郎：有点明白了。脚本可以看成两部分，分别是"画一行圆点的部分"和
　　　　"移动到下一行的部分"，这样就比较好理解了。

剪刀妹：是的。要是能养成找出脚本中可以重复执行的处理的习惯就再好不过
　　　　了。那么，像之前设定左侧的 x 坐标一样，下面来设定一下上面的 y
　　　　坐标吧，你会吗？

喵太郎：嗯……这里是从舞台左上角开始画的，所以这时 y 坐标是……109[※]。
　　　　那么就在 将x坐标设定为 -220 的下面再加上一个 将y坐标设定为 109 吧。

剪刀妹：不错！

喵太郎：然后，舞台的高度是 360，所以这里要用高度除以 行数 ，也就是
　　　　360 / 行数 这样。

※因为是手工拖动的，所以数值可能会有些差别哦。如果找不到原来的圆点，双击角色列表里的角
　色就可以看到了哦。

接下来会不会顺利
执行呢？点击脚本
运行一下吧

喵太郎：啊！为什么往上走了？往下移动时难道用 360 / 行数 不行吗？

剪刀妹：刚才用的是 将y坐标增加 -30 哦。

喵太郎：原来如此，往下的时候要输入负数啊。怎么办呢？ 360 / 行数 怎么
变成负数啊？

剪刀妹：用 0 减 360 / 行数 ，或者乘以 -1 的方法都可以。不过这次直接往上
画也挺好。

喵太郎：是呢，那么确认一下左下角的 y 坐标吧。是 -166，所以改成
将y坐标设定为 -166 就可以了。我点击脚本运行咯……啊，完成啦！

改变纹样的颜色

剪刀妹：喵太郎，你准备好了吗？下面就是重复纹样最有趣的地方了呢。

喵太郎：啊，有点累啊，还没结束啊？

剪刀妹：只要1个蓝色就够了吗？这就想结束了啊？

喵太郎：是啊。可是只有一个蓝色，小喵肯定不满意。我还是加油吧。

剪刀妹：首先我们试试逐个改变圆点的颜色吧。

喵太郎：是用颜色特效模块吧。制作成随机颜色怎么样？

剪刀妹：随机颜色你不是会制作了吗？这次我们按照蜡笔盒子里的顺序，依次改变圆点颜色怎么样？

喵太郎：好啊，好像可以用 将 颜色 特效增加 25 。

剪刀妹：要想逐个改变圆点的颜色，那么这个模块放在脚本的哪里比较好呢？

喵太郎：嗯，放在图章下面吧。

剪刀妹：试一下吧。

哇，颜色排列得好漂亮！

剪刀妹：试试 25 以外的数字吧，改成 1 之后变化会更细致呢。

按规律改变颜色

喵太郎：真了不起啊！已经制作出彩虹颜色了。其他
　　　　纹样可以制作吗？

剪刀妹：什么样的都可以啊。自己决定规律就可以
　　　　了，要不下面来制作每隔 3 个圆点改变 1 次
　　　　颜色的脚本吧？

喵太郎：诶？每隔 3 个？是不是就要重复执行 3 次啊？

剪刀妹：给你个提示吧。那就是不用想得那么复杂。光是现在这样还不行，首
　　　　先要创建一个可以统计图章次数的 点数 变量。每按一次图章将 点数
　　　　增加 1 就可以了。

喵太郎：我已经创建好变量 点数 了哦。不过还得在最开始的时候设定为 0 吧？
　　　　所以我在 将 行数 设定为 10 的上面增加了一个 将 点数 设定为 0 。

107

剪刀妹：不错！然后，在重复执行画每行圆点时还要将 `点数` 增加1。

喵太郎：好的。把 `将 点数 增加 1` 夹在 `图章` 上面，把刚才用过的

　　　　`将 颜色 特效增加 25` 拆掉。

剪刀妹：好啦，运行这个程序，看看会发生什么吧。

喵太郎：圆点个数增加了呢。现在有多少个圆点了啊？如果是隔 3 个，不是应该重复执行 3 次吗？

剪刀妹：你知道「izzBuzz 这个游戏吗？是 3 的倍数的时候就说 Fizz，是 5 的倍数的时候就说 Buzz。

喵太郎：啊，这个知道！就是用除法的余数来玩的一个小游戏[※]。`● 除以 ● 的余数` 这个模块还能这样用呀，一直以为这个模块是 FizzBuzz 专用的呢。

※《Scratch少儿趣味编程》"数学 FizzBuzz游戏" 中介绍过。

在模块 ⬤ 除以 ⬤ 的余数 里输入数字，将会显示左边的数字除以右边的数字后得到的余数。如果每隔 3 个，那么要除以 3，所以要在右侧填上 3。要查的数字写在左侧哦。

如果是第 5 个圆点，就在左边写上 5，点击之后会显示 2。因为除不开，所以不是 3 的倍数。如果是第 9 个圆点，就在左侧写上 9，点击之后会显示出 0，这就是 3 的倍数哦。把变量"圆点个数"加进去，就能看出里面的数字是否能除开。

确认是否能除开需要用到 点数 除以 3 的余数 = 0。如果是 3 的倍数，就将 颜色 特效增加 50 ，否则 清除所有图形特效 。这里要用到 如果 那么 否则 哦。整理好的脚本如下所示。

109

喵太郎：哇，真好玩。原来用这个方法就可以随意调节圆点行数和每行的圆点
　　　　个数，改变圆点的变化规律啊。现在什么样的纹样都能制作了呢！我
　　　　还要试试更多纹样。

剪刀妹：如果有好的作品，要给小喵看看哦。

喵太郎：嗯，一定会的！

拓展课题 1　来试试改变圆点大小吧

如果建立一个改变圆点大小的规则，就能制作出更复杂的纹样哦。

拓展课题 2　使用各种形状来制作纹样吧

如果只是圆形，那么无论怎么旋转，它都还是同样的形状；但如果是四边
形或其他图形，就会通过旋转得到更复杂更有趣的纹样哦。

拓展课题 3　按照行或列改变圆点颜色吧

你知道怎么让圆点按行改变颜色吗？想按列改变
颜色时又该怎么制作呢？

拓展课题 4　尝试使用克隆功能吧

如果用克隆※模块代替图章，就可以让每组纹样动起来哦，试试看吧。

※关于克隆请参考第49页。

可以沿用自制脚本等的"书包"功能

如果制作了很多作品，有时候就会想把一些自制脚本或角色用于其他作品。这时"书包"功能就会派上用场了。"书包"功能就像我们的书包或者旅行包那样，可以把各种有用的东西放进去，方便我们随时取用。

下面打开编辑器右下角的"书包"看一看吧。我们可以把想要保存起来的脚本、角色、声音、图像等拖拽到里面去。之后即使在编辑器里打开其他作品，这里的内容也不会受到影响，这里的东西也可以复制到脚本区域。

要注意，这个书包必须是在线并登录的状态下才能使用。

可以拖到书包里保存

切换显示语言

Scratch 不仅可以显示中文，还可以切换成其他国家的语言。点击左上方的地球仪按钮就可以从菜单中选择想要的语言。

小猫跳跳

模拟实验是什么

　　模拟实验就是在一个跟实际状况很接近的环境中进行的实验。有时候，在现实里非常难做到的事要通过模拟实验才可以解决。模拟实验一般是用模型或者电脑等实现的。使用电脑来实现的模拟实验就叫计算机仿真（computer simulation）。

画板哥：你觉得一个物品落下的时候，应该是受

　　　　什么力的作用呢？

喵太郎：应该是向下的力吧。

画板哥：嗯……不好说。我们先在 Scratch 里重现一下下落过程吧。

喵太郎：什么？还能重现下落过程啊，听着好好玩。

让小猫落下

现在我们要准备一个可以落下的角色。就用这只小猫当角色吧。落的时候是朝下的，所以我们需要制作一个看起来是纵向移动的脚本。要想让角色往下落，应该改变 y 坐标 (关于坐标的介绍见第 76 页)。似乎可以用 这个模块。

但是，如果是将 y 坐标"增加 10"，那么角色会往上移动。所以这里应该把 10 改成一个负数，例如 −5。

另外，因为要实现"如果没有碰到地面就反复向下移动"，所以还应该使用

重复执行直到 这个模块。

喵太郎：点击 将y坐标增加 10 里的 10 并选中，然后用键盘输入 −5……搞定。再

把这个模块放在 重复执行直到 的开口里面。但是，还没有"地面"

呢。而且，"直到"的后面也没有结束循环的条件。

"地面"可以之后再画，结束条件也可以之后再加。没有条件就相当于 ture（成立）的状态，所以脚本会一直重复执行。

把 当 被点击 放在最上面，按下 ▶ 开始执行吧。

喵太郎：运行结束之后，小猫就停在了超出舞台底边一点的地方，就像被埋到地里面了一样。把它拖到舞台的最上面，它就会又开始往下落，看起来就像是在掉落。

制作着地时的"地面"

画板哥：接下来，为了不让小猫掉到地里面去，我们要画一个长方形地面。下面点击舞台右下角的 ✏ 按钮打开绘图编辑器，选择颜色盘里从上数第4行、从左数第4列的绿色，然后选择四边形图标 ▬。在窗口的下方还有一个 ▭▬，点选右边的涂实图标，然后用鼠标在编辑器中拖动，画出一个与舞台长度一样长的长方形。

喵太郎：画长方形的时候，我不小心把鼠标松开了，所以宽度有点不太够，要删掉重画吗？

画板哥：先别删。在长方形刚画好的时候，四周会有一些小正方形，可以用它们改变长方形大小。长方形4个角和4条边的正中间各有4个小正方

形图标 ，总共是 8 个。拖动小正方形就可以改变长方形大小。

喵太郎：搞定！我已经拖动左右两侧的小正方形，让长度和整个编辑器一样大了哟。它的名字叫角色1[※]。

※ 有时候角色的名字可能是"Sprite（编号）""角色（编号）"等，记得给它改成真正的名字哦。

在舞台上确认一下"地面"的位置，如果有偏差，要调整一下哦。另外，为了不让小猫掉到地底下去，需要先把它移到舞台中间[※]。

※ 如果"地面"在小猫的前面，遮住了小猫，可以在角色列表里选中小猫，然后执行 **外观** 分类里的 **移至最上层** 。这样一来，藏在"地面"后面的小猫就可以显示出来了。

为了把脚本补充完整，还需要在 模块里补上条件。那么

应该用什么条件呢？

如果是在碰到地面之前重复执行下落，那么就可以用 碰到 ▼ ? 。因为

地面是角色1，所以点击▼，改成 碰到 角色1 ▼ ? 就可以了。

把脚本组装好之后，将小猫拖到舞台中间，然后执行脚本试一下吧。

喵太郎：啊，小猫掉下来了。正好到地面就停下来了呢。我之前制作
的游戏就只是把 y 坐标改成了100※，感觉现在这个更真实一
些呢。但是，与物体实际落下来的感觉相比，现在还是有一些差距。

※《Scratch少儿趣味编程》"体育 百米跨栏"部分讲解过。

观察下落的样子

画板哥：哇，你观察得真仔细。这个运动叫匀速运动，就是按相同的速度移动。
脚本中的 将y坐标增加 -5 就是在进行"匀速（-5）运动"。为了能让运
动过程更清楚一些，我们来制作一个用来观察运
动轨迹的"相机"吧。

喵太郎：啊，要用摄像头吗？

画板哥：不，不需要摄像头。直接在小猫的脚本
上加点东西就可以了。

喵太郎：难道小猫会自己按快门？

画板哥：不是哦，要观察小猫的运动，只要每隔
一定时间按一次图章复制小猫就可以了。

喵太郎：这样啊，原来是用图章啊。

下面制作一个点击 ⚑ 之后，每隔一定时间就用图章复制一次小猫的脚本。

先把 图章 和 等待 1 秒 用 重复执行 围起来，再把 当 ⚑ 被点击 和 清空 放在上

面，然后点击 ⚑ 试着运行一下吧。

如果 等待 1 秒 ，时间似乎有些太长。那么，试试 等待 0.2 秒 怎么样呢？
我们可以多试几次，找出最合适的间隔时间。怎么样？现在能看清运动轨迹吗？

有点像连
拍照片啊！

画板哥：你懂得挺多嘛。现在的效果看起来很不错，但是为了观察方便，这次让小猫变成一个标记（小圆点）吧。你先在小猫造型里面添加一个蓝点造型。

喵太郎：嗯……选中小猫，选择 造型 标签，然后点击 ✏ 新建一个造型。工具选择 🖌，粗细调到中间左右。最后选择颜色盘上从上数第 4 行、从右数第 3 列的蓝色，在编辑器的正中间画一个点 ※……啊！名字变成了"造型 1"。

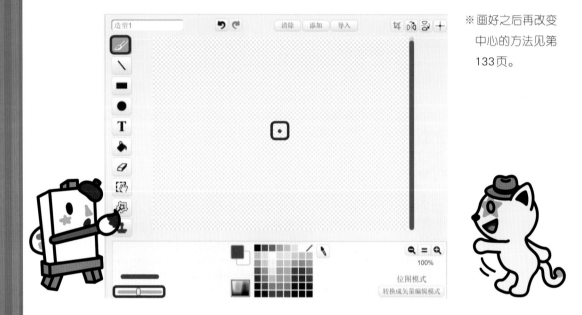

※ 画好之后再改变中心的方法见第133页。

喵太郎：小猫变成一个蓝色标记了！

画板哥：把这个标记拖到舞台上方，点击 🚩 开始运行一下试试吧。比刚才看得清楚些了吧？除了最后一个蓝点以外，所有蓝点都是以相等间距排列的，这就是匀速运动。最后一个蓝点间距跟别的不一样是因为小猫已经着地了哦。

喵太郎：真的呢，间距都是一样的！怪不得刚开始那个看起来有些不真实。

让小猫更逼真地往下落

喵太郎：怎么改变脚本，才能让下落动作看起来更逼真呢？

画板哥：思考一下它的原理吧。先看一下这张图，这是一张让小球自然下落，每隔一定时间拍摄一张照片，然后把照片合成之后形成的图片。你有没有注意到什么？

喵太郎：速度越来越快了？

画板哥：是的。为了让你看得更清楚，我按照小球的位置放了一些长方形。

喵太郎：啊，难道是……难道是这样吗？我可以把长方形重叠在一起试试吗？

画板哥：当然可以了！

喵太郎：把长方形上面的边重合在一起……啊，还真是啊！它们之间的高度差是一样的！

这里长度一样！

画板哥：是啊，这是为什么呢？

喵太郎：因为每段下落增加的速度是一样的！

重力作用

画板哥：这样的运动叫作匀加速运动。

喵太郎：呃……好难的词啊。

画板哥：制作成脚本之后会更易于理解哦。来一起分解一下看看吧。

现在脚本里的 表示的是下落速度。这里的速度 –5 是匀速的。如果是匀加速运动，下落速度会改变，所以要用变量 下落速度 来代替 –5[※]。

※ 变量的创建方法见第63页。

就像刚才喵太郎说的那样，下落速度 是每次增加同样的速度，也就是"匀加速"。要想表现出这个原理，就要用到 将 下落速度 增加 -0.5 。速度增加值就是加速度，这里试试用 0.5 吧。不过要改成负数才会下降哦。

还有一个事不要忘记：在开始下落之前是静止的，也就是说最开始要把

下落速度 设定为 0，所以要在 下面加上 将 下落速度 设定为 0 。

快点击 ⚑ 开始运行吧。

喵太郎：哇，简直和刚才的照片一模一样。感觉比最开始的匀速真实多了！

画板哥：是啊，这次才是真正的匀加速运动。现在打开 造型 ，把造型从标记换回小猫吧。

喵太郎：好，那就先把小猫拖到舞台上面，然后点击 ▶ 开始执行……哇，小猫下落的样子好逼真啊。

画板哥：这就是我们把通过实验观察到的重力用脚本模型化之后进行模拟实验得出的成果哟。

喵太郎：但是这里只有下落，而我制作的游戏里是跳啊。这个怎么用在游戏里呢？

画板哥：嗯……喵太郎制作的游戏里是按空格键起跳对吧？下落的脚本已经制作好了，接下来可以用空格键代替 ▶ 来控制。为了让小猫不碰地面，还需要把 y 坐标设定为 −50，再把 下落速度 设定成向上的，那么把速度设成 10 试试？

喵太郎：另外，用图章复制的"相机"脚本也用不到了，把它也去掉吧。搞定！现在可以加在我的游戏脚本里啦！

画板哥：喵太郎，你跳起来了哦。

试试改变一下加速度吧

试试改变 里的数字来实现降落伞、陨石等各种效果吧。

试试加入重力以外的其他力

如果不是落下的方向，而是别的方向的力又会怎样呢？例如，如果加上横向坐标（x 坐标）上的运动会发生什么变化呢？该怎么用脚本实现呢？

方便好用的"隐藏指令"

Scratch 里有很多隐藏指令哦。虽然其中有很多是给开发 Scratch 软件的人员使用的，但其中有一些功能对于用户来说也非常方便哟。大家可以在菜单、舞台等各种地方试试点鼠标右键，或是按住 Shift 键的同时点击菜单等。这样就可以发现很多平常看不到的功能哦。

按 Shift 键的同时点击

就可以显示更多的功能

下面介绍几个隐藏指令吧。

● **Shift 键 +** 🏁 （按住 Shift 键的同时点击 🏁）

这样就可以进入让动作加快的"加速模式"，但要注意有时候可能不会执行得很顺利。

● **Shift 键 +** ⬆

可以连续复制选中的东西。在制作多个相同角色或脚本时用这种方法非常方便。

● **Shift 键 +** 🌐

可以在菜单中添加一些项目。例如使用 set font size 可以改变模块上字体的大小。字体变大后，在演示程序的时候即使是较小的显示器也可以看清模块上的字哦。

● **Shift 键 +** 文件▼

可以添加一些项目。其中 Save Project Summary 可以将作品内容作为文本文件保存起来。这样脚本就会变成近似于文本语言的形式，可以试试看你的脚本会变成什么样子哦。

● **Shift 键 + 舞台**

点击菜单里显示的 save picture of stage，则舞台整体可以作为图片文件保存起来。

可以让Scratch使用硬件的扩展功能

在 **更多模块** 处有 `添加扩展` 这一按钮哦。点击这个可以显示出 PicoBoard、LEGO WeDo 1.0、LEGO WeDo 2.0 这些图标。这些是可以扩展 Scratch 的功能的硬件名称。例如，如果使用传感器板 PicoBoard，就可以用 Scratch 来操作声音、亮度、滑动条、电阻值等传感器了呢。详细信息可以参考下面的链接。

● 可以在日本买到的 Scratch 传感器板

http://swikis.ddo.jp/WorldStethoscope/54

● WeDo

http://education.lego.com/zh-cn/learn/elementary/wedo

● WeDo 2.0

http://education.lego.com/zh-cn/learn/elementary/wedo-2

ScratchX

ScratchX 是自己制作 **更多模块** 里的 Extension（扩展功能）的机制。有了这个机制，就可以用 JavaScript 这种编程语言编写扩展功能，然后就可以使用 Scratch 尚未正式支持的硬件了。下面的网页里可以查到详细的信息。这些信息是用英语写的，如果你觉得太难，那么先知道还有这样的机制就可以了。

ScratchX 官方网站　http://scratchx.org/

音乐 × 实践 自动演奏装置

制作打击乐器

剪刀妹：要想训练，首先要制作一个训练工具[※]。我们
先制作一个打击乐器吧。

喵太郎：在 Scratch 里面制作一个会响的鼓怎么样？

剪刀妹：可以啊，试试制作一个点一下就会响的鼓吧。

喵太郎：好，我们先来准备角色。直接用鼓这个角色就可以吧，点击 新建角色
右边的 🖼，在"物品"分类里选择 Drum1。

※如果正在制作其他东西，就先回到 Scratch 的首页，然后点击"创建"。

喵太郎：选中 Drum1 后点击"确定"，鼓就会显示在舞台上。

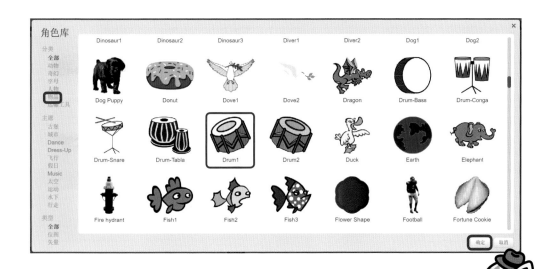

剪刀妹：打鼓就要发出鼓的声音。点击 [声音] 中"新建声音"下面的
🔊 找找鼓的声音吧。

点击这里

选择鼓的声音

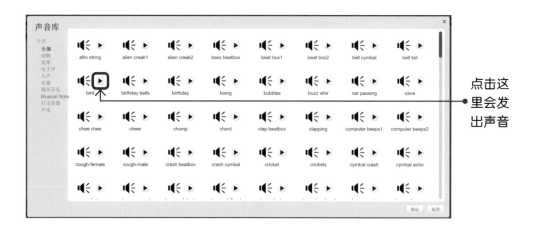

点击这里会发出声音

喵太郎：哇，全是声音啊。可是都是一样的图标，根本分不出来啊。

剪刀妹：点击图标右边的 ▶ 可以确认一下声音。

喵太郎：啊，为什么没有声音呢？

剪刀妹：电脑设置是不是有问题？你看一下声音打开了吗？

喵太郎：原来是因为右下角的扬声器设置成了 ，要点击一下改成 。这下就能听到各种声音了呢。啊！ scream-female 竟然是尖叫的声音！

剪刀妹：那就找一下鼓的声音吧。鼓应该在哪个分类里呢？

喵太郎：鼓应该是乐器，但是找不到啊。真的有鼓的声音吗？

剪刀妹：再仔细看看，这里有一个"打击乐器"的分类哦。

喵太郎：分类好细啊，而且有很多种呢，比如 tom drum（汤姆鼓）和 kick drum（底鼓）等。

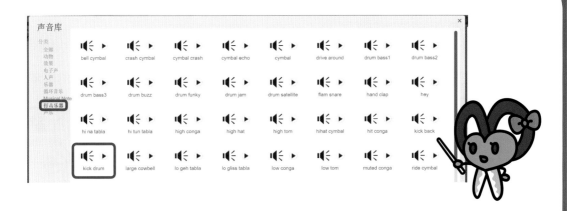

剪刀妹：基本的节奏用 kick drum 吧。这个底鼓是架子鼓里最大的一个鼓哟。真正的实物应该是放在地上，用脚踏板来控制的那种。

喵太郎：选中 kick drum 之后点击"确定"。之后还要怎么做呢？

剪刀妹：对了，喵太郎，你还没用过声音模块吧？

喵太郎：倒是用过 `弹奏音符 60▾ 0.5 拍` ，这次还用这个可以吗？

剪刀妹：这个嘛，这次要用 `声音` 分类里面的 `播放声音 kick drum ▾` 模块。如果不是 kick drum，可以点击右边的▼来选择。

喵太郎：我已经把 `播放声音 kick drum ▾` 模块拖到脚本区了哟。

剪刀妹：在上面加一个 `当角色被点击时` 试试看吧。

喵太郎：好。啊，点击以后鼓就发出声音了！看起来可以用它来练习呢。

小猫碰到鼓时发出声音

剪刀妹：下面该制作不是鼠标点击，而是当小猫碰到鼓时鼓才发出声音的脚本了哦。

喵太郎：　事件　分类里面没有检测"是否碰到"的模块，但是好像可以用　侦测　里面的　碰到　▼　?　吧？

　　　　是的。一起来试试看吧。因为发出声音的是鼓，所以　碰到　▼　?　应该放在鼓的脚本里。如果没有选中角色列表里鼓的图标，要点击鼓的图标切换一下角色哦。

　　　　"碰到××"要点击▼选择，这里应该选择小猫，也就是 Sprite1※。

　　　　下面来确认一下运行情况吧。把舞台上的鼓和小猫分开，再点击一下

碰到　Sprite1　▼　?　试试。会显示出什么呢？

※角色的名字也可能是"角色（编号）"。选择的时候，实际是什么名字就选择什么名字。

喵太郎：如果没碰到鼓就会显示 false(不成立)，碰到了就会显示 true（成立）。原来如此，这样就可以分辨是碰到了还是没碰到了。然后把它和

组合在一起，也就是"如果碰到 Sprite1 那么播放声音

kick drum"。

剪刀妹：用 把 围起来，在最上面加上

就可以了。点击 📢 来确认一下吧。

喵太郎：响是响了，可是只要碰到小猫，鼓就一直响个不停。

制作成每碰到一次只发出一声的效果

喵太郎：我想要小猫碰一次鼓"咚"一声的效果，而不是碰一次就一直响，这样的话只能用 等待 1 秒 了吧？

剪刀妹：等待也是一种办法哦。但如果用 等待 1 秒 ，1秒钟以后鼓还会再响哦。如果想制作成碰一次响一声的效果，可以让脚本在小猫没碰到鼓之前一直等待。这种情况下用 在 ⬡ 之前一直等待 这个模块就挺好。

喵太郎：没碰到鼓之前一直等待？虽说有 碰到 ▾ ？ 的模块，但没有"没碰到"呀，这个实现不了吧？

剪刀妹：不会的！你找一下 `运算符` 分类，有个 `不成立` 模块哦。

　　　　跟这个模块组合起来后，就可以像 `碰到 Sprite1 ▾ ?` `不成立` 这样做出一个"没碰到"条件了。

喵太郎：真的呢！意思相反了呢！我还以为运算符就是计算数字的意思呢，没想到还能用来改变条件呀。我把这个加进去以后脚本就制作完成了。

真的是小猫碰到一次鼓就响一声呢！

※ `不成立` 、 `与` 和 `或` 叫作逻辑运算。

制作自动演奏装置

剪刀妹：不错嘛。下面该制作自动演奏装置啦。

喵太郎：自动演奏？小猫碰到鼓后，鼓就会发出声音……啊，我知道了！我们就让小猫自己走来走去，它一碰到鼓，鼓就发出声音吧。

剪刀妹：对的。让小猫按画圆方式在舞台上走动怎么样？就像这样……并且让它一碰到鼓，鼓就发出声音。

喵太郎：就像是小猫一边跑一边演奏乐器呢。

剪刀妹：还可以制作各种各样的声音哦。

喵太郎：但是，怎么才能让小猫按画圆方式前进呢？

　　用 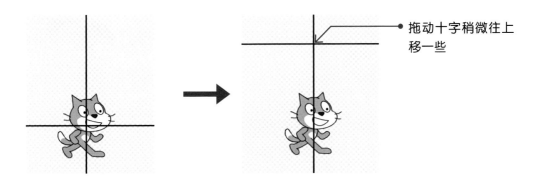 模块怎么样？如果不设定这个，就只能在同样的地方来回转。要改变角色的中心，才能让小猫转圆圈。

　　点击 造型 打开小猫造型后点击 ✛ 按钮。这时小猫上会出现一个十字，这就是造型的中心点。角色的坐标和旋转中心都是以它为基准的。我们把它往上稍微移一些，可以试试用鼠标拖动。

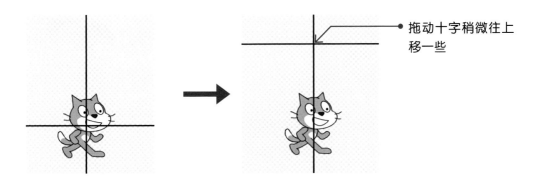

拖动十字稍微往上移一些

喵太郎：哇，小猫往舞台下面移动了。那就让它动一下试试吧。把 向左旋转 ↺ 15 度 用 重复执行 围起来，再加上 当 ▶ 被点击 模块，然后点击 ▶。啊，真的走了个圆圈！

剪刀妹：而且小猫一碰到鼓，鼓就会发出声音哦。

喵太郎：真的呢。小猫开始一边来回跑一边敲鼓了呢。

制作出节奏来

喵太郎：一个鼓好像不太够呢。

剪刀妹：嗯，我们也可以制作一个简单的节奏。把制作好的鼓复制几个怎么样？复制 4 个鼓，就可以制作出来简单的节奏了。

喵太郎：对呢，我已经用 复制好 4 个鼓了。基本的节奏就是"咚，咚，咚，咚"4 拍吧。啊，如果 4 个鼓都放在小猫经过的路上就显得太大了，我把它们变小一些吧。

喵太郎：这些鼓总是排列不好……节奏有点不对。

剪刀妹：可以用脚本把它们排列好，不过稍微有些变化也挺好听。大概整理好之后，就可以再加入其他声音了。

增加鼓的种类

喵太郎：在现在的声音之间再加上一些小的鼓声吧。比如"咚，嗵，咚，嗵，
咚，嗵，咚，嗵"这种节奏。

剪刀妹：那样的话也可以再加一些别的鼓啊。用
其他角色吧，Drum2 怎么样？声音就用
tom drum 吧。

喵太郎：方法跟 Drum1 一样，我已经制作好了哟，编号自动就改变了。我把这
个鼓稍微调小了一些，那就叫它"小鼓"吧。声音 tom drum 也加进
去了。脚本还要再制作一次吗？

剪刀妹：脚本直接复制过来就可以了。拖动之前脚本里面的 🚩，放到小鼓的图标上之后松开就可以了。

喵太郎：这个真方便！我已经把脚本复制过来了，还点击

　　　　 播放声音 kick drum ▼ 的▼，把声音改成了

　　　　 播放声音 tom drum ▼ 。哇，响起"嗵"的声音了！

改成 tom drum

剪刀妹：不错啊。把小鼓也加上吧。

喵太郎：我复制了 4 个，还排列了一下，不知道怎么样。运行一下试试吧……

　　　　啊！响起"咚，嗵，咚，嗵，咚，嗵，咚，嗵"的声音了呢！

剪刀妹：不错嘛。可以用这个方法再增加更多声音，这样就可以增加不同的节奏了。节拍可以通过改变小猫的行进速度来调节哦。

喵太郎：但是，我自己能敲得好鼓吗？

剪刀妹：这个嘛……那就要看你练习得怎么样了。另外，我比较喜欢现在这个节奏。你也可以试试其他节奏哦。

拓展课题 **1** 复杂的节奏

如果把鼓变小，就可以放入更多的乐器哦。如果向小猫的中心点划线，那这里也可以敲起鼓来呢。来试试看吧。

拓展课题 **2** 原创鼓

Scratch 还可以借助麦克风来录制声音呢，这样就可以制作出自己独创的声音了。首次使用麦克风时会出现警告提示，在这里点击 允许 就可以了哦。

拓展课题 **3** 播放小音乐

如果使用声音库"循环音乐"分类中的声音，就可以用声音样本制作更酷的曲子哦。

如何自制模块

在制作脚本的时候，经常会出现同样的模块的组合。这种情况下我们可以自己把这个组合做成新的模块。

点击 **更多模块** 里的 新建功能块 按钮，会先提示输入新模块的名字，输好名字后按"确定"就可以得到新模块。这时脚本区域里会显示一个叫作"定义模块名"的模块，可以在这下面正常编辑脚本，做好的模块可以像其他模块一样正常在脚本中使用。

下图中的脚本是制作出 **跳跃** 模块，按空格键就可以执行了哦。

来做个 Scratcher 吧

在 Scratch 网站上完成注册后，用户级别是 New Scratcher。在个人信息页里，自己的账号名字下面会显示出自己的级别。

如果坚持在 Scratch 上制作作品，就可以升级到 Scratcher 了哟（"Scratch 爱好者"的意思）。要成为 Scratcher，需要共享作品、评论别人的作品，或是点击首页的"讨论"去访问论坛并投稿等，也就是说要为社区做贡献。但要注意，不要仅仅为了提升用户级别而随意评论或是强制要求别人评论哦。

编程教育的新探讨

如何借助Scratch激发孩子们自身的创造能力

米切尔·瑞斯尼克 & 大卫·西格尔

原文链接：https://medium.com/bright/a-different-approach-to-coding-d679b06d83a[1]

本周，由 Code.org[2] 举办的 Hour of Code 2015 拉开了序幕。这个活动每年都会举办，旨在让世界各地的学校用至少一小时的时间向学生们介绍编程（即计算机编程），并请他们亲身体验编程。在 12 月 7 日至 12 月 13 日这一周里，将有几百万名学生跟随 Hour of Code 网站上的特别课程进行自己的初次编程。除了这样的入门编程，还有越来越多的学校开展更多的活动。越来越多的城市（包括纽约市在内），甚至整个国家（包括英国）都在将编程列入学校里的必修科目。

我们支持孩子们学习编程。然而，在这样的热潮背后，开设编程课程的动机和教学方式又非常令人担忧。这是因为，教授编程的出发点更多源于业界内程序员和软件开发人员的不足[3]，因此才大力引导学生们通过学习获取计算机学科方面的技能，并从事编程工作。在这种背景下，对学生而言，编程只是一套逻辑游戏而已。

为了支持和促进不同于以往的做法，我们在 2013 年创办了 Scratch 基金会[4]。对于我们来说，编程并不是单纯的技术能力的结合，而是一种新型素养和表达方式。所以，应该像学习读写那样，让它对所有人都大有价值。也就是说，编程是人们整理思路并表达和分享出来的新方式。

为了将这样的想法具体体现出来，我们麻省理工学院媒体实验室[5]开发了可在线使用的免费 Scratch 编程环境[6]。8 岁以上的孩子们可以通过 Scratch 组合图形模块，以人机交互的形式来创作卡通角色游戏。而使用

Scratch 创作出来的作品可以在 Scratch 的在线社区分享[7]。在这个社区里，还可以试用其他人分享的作品，向作者反馈感想和建议，甚至可以相互借鉴创意来改造和扩展原有作品。

自 Scratch 于 2007 年面世以来，世界各地的孩子们共享的作品已经超过 1100 万份，而且现在每天的新增作品也超过 17 000 份。

孩子们正在家里、学校、图书馆、社区中心等各种地方使用 Scratch。通过创作并分享作品，孩子们学习到了超越编程技能本身的更多东西。他们正在学习创造性思维能力、系统性分析能力、协调动手能力等当今社会必不可少的重要能力。

这里给大家讲一下乔斯琳的故事。她是一个十几岁的小姑娘。在过去的两年里，她用 CrazyNimbus 这个用户名[8]公开了 200 多份编程作品。她的开发内容既有直升机飞行游戏，也有各种人偶换装游戏，还有会跳舞的铅笔和计算器的开学动画、感恩节倒计时计数器动画等，非常丰富[9]。

乔斯琳最开始接触 Scratch 是因为想要学习创作游戏的方法，但现在更吸引她的是交流的魅力。乔斯琳告诉我们说："我第一次把做好的作品分享出去的时候，马上就得到了反馈……这让我想一直不断地编程。"

从编程需要的思考能力来讲，Scratch 与其他编程方法相似，也需要系统性的逻辑思考。对于乔斯琳来说，在编程的时候，为了解决各种问题需要学习各种策略。例如，为了实现复杂的功能而把想要做的事情分解成简单的部分后，如果这些部分组合起来后效果和想象的不一样，就需要反复调整和修改。

Scratch 有别于其他编程方法之处在于，由孩子们实现创造性的表达，并且非常重视让孩子把作品共享出来。例如，乔斯琳使用 Scratch 为朋友们制作了互动生日卡，还在生日卡里为每位朋友附上了不同的动画。而且，乔斯琳还制作了互动教程来教其他孩子如何定制情人节卡片[10]。

"我需要电脑这种表达方式，"乔斯琳说，"我特别喜欢把作品共享出来，然后看看大家都怎么想！"

非常遗憾，现在大多数编程学习活动都不是像这样以激发创造性为目标的。很多初级编程培训班会让学生编程实现一个虚拟角色一边躲避障碍物一边到达目标。虽然这种方法可以让学生在一定程度上掌握一些基本的编程概念，但这对于激发他们自身的创造力并没有帮助，长远来看也无法引导他们更多地参与编程。这与在作文课上只教学生语法和标点符号的用法，却不给他们机会去写自己的故事是一个道理。而我们的目标是让年轻人们可以通过 Scratch 熟练编程。不能只学习编程的原理和概念，更要学会如何通过编程表达自己的想法。

在孩子们借助 Scratch 表达自己的过程中，他们自己的思考角度也会开始发生变化。这就跟学习写字一样。巴西教育家保罗·弗莱雷认为写字不仅仅是实用技能。他一直致力于在穷人区教人读写的活动。这不仅仅是为了让他们找到工作，用他自己的话说就是"为了让他们能够重塑自我"。

我们一直希望孩子们能在使用 Scratch 编程的同时重塑自我。乔斯琳以及其他 Scratch 社区的成员们已经不再把自己看作单纯使用别人制作的软件的用户了。他们开始把自己看作能够用计算机创作出自己作品的创造者。乔斯琳说"自己的人生都被改变了"。在当代社会，数码技术已经成为可能性与进步的象征。在使用 Scratch 创作作品并共享的过程中，孩子们逐渐发现自己能够积极地全力地贡献社会。

如果编程可以真正改变孩子们的人生，那我们就不能仅仅把编程看作一项技术能力或者获得技术类工作的手段，而要超越这样的简单认识。对于教育家、家长、政策制定者以及所有人来说，需要慎重地思考教给孩子们初级编程时的目标与战略。根据麻省理工学院媒体实验室的研究，我们建议教初级编程时遵照如下四点。

作品（Projects）：为孩子们提供机会，引导他们把自己最初的想法变成可以与人分享的作品，让孩子们拥有更加有意义的作品（而非单纯地解谜）。

伙伴（Peers）：鼓励他们与朋友协作与共享，帮助孩子在其他人的作品基础上创作出新的作品来。编程不能是一项孤立的活动。

热情（Passion）：肯定孩子从自身兴趣出发创作作品。只有这样他们才能更长久更努力地坚持下去。而且，他们还可以在这个过程中学到更多的东西。

运用（Play）：鼓励轻松试错。鼓励他们尝试新事物、消除风险、挑战极限，让孩子们从失败中学习和成长。

如果教育工作者和其他人都从这四点出发来面对孩子们，那编程就不仅是单纯的教育新时尚，而是潜力巨大的读写技术和个人表达手段了。

米切尔·瑞斯尼克负责美国麻省理工学院媒体实验室的致力于研究新型学习方式的"终身幼儿园"研究组，同时还任乐高的帕尔特教授。大卫·西格尔在美国的投资公司 Two Sigma 任算法投资经理。他们两人创立了非营利的 Scratch 基金会。

1　本文原是博客平台 Medium 上的一篇文章，发表于 2015 年 11 月 10 日。此次翻译已获得作者等相关人员的同意。

2　Code.org 是一家旨在振兴计算机科学教育的非营利组织，它会在计算机科学教育周（Computer Science Education Week）上主办 Hour of Code 等活动。关于 Hour of Code，请参考如下链接。
https://hourofcode.com/jp/cn

3　Promote Computer Science　https://code.org/promote

4　Scratch 基金会　http://www.scratchfoundation.org/

5　麻省理工学院媒体实验室　http://www.media.mit.edu/

6　Scratch 编程环境　https://scratch.mit.edu/

7　Scratch 在线社区　https://scratch.mit.edu/

8　CrazyNimbus
https://scratch.mit.edu/users/CrazyNimbus/

9　作品可以通过如下链接看到。
直升机飞行游戏
https://scratch.mit.edu/projects/11576944/
换装人偶游戏
https://scratch.mit.edu/projects/11222913/
开学动画
https://scratch.mit.edu/projects/74614594/
感恩节倒计时计数器动画
https://scratch.mit.edu/projects/14649360/

10　作品可以通过如下链接看到。
互动生日卡
https://scratch.mit.edu/projects/20790365/
为每位朋友制作的附带动画的生日卡
https://scratch.mit.edu/projects/24286124/
定制情人节卡片
https://scratch.mit.edu/projects/47748430/

来玩得更加有意思吧！

亲手创作作品是不是很有趣？

有点儿没过瘾？还想再这样那样？

如果你想到了好创意，就一定要试试看！

我们为大家留出了很大的创作空间呢！

这种创作和学校的考试不一样，答案并非只有一个，

完成作品也不是我们的最终目标。

只要你有好想法，随时都可以尝试表达出来。

如果你做出了自己挺满意的作品，就请大家一起来看看吧。

可以叫家人朋友来直接看，也可以在 Scratch 的网站上分享，

试试和朋友们合作完成作品吧！

我在写这本书的过程中学到了不少东西。

大家也来创作各种各样的作品，

并在创作的过程中多多学习吧！

2016 年 5 月

仓本大资

我（仓本大资）是从 2008 年夏天开始举办面向孩子的编程培训活动的。这些年来这项活动得到了很多人的支持，我本人也非常享受这份事业。本书即由此诞生。

★ 中山晴奈、山下纯子：2008 年我们在日本川口市的 Media Seven 发起的编程兴趣小组 "Scratch" 可以说是今天这本书的起点。

★ OtOMO 的各位：正是由于各方的大力支持我们的工作才得以开展下来，希望今后也能更愉快地开展下去。

★ 参加讲座或各种活动时认识的各位 Scratcher：喵太郎也许就是你们的分身呢！来自你们和你们家长的热情正是我们工作的最大动力！

★ 在日本各地为 Scratch 教学提供场地的各位（砂金先生、细谷先生、若林先生、西本先生、宫岛先生、It is IT 的各位……多得写不下了）：与您们的各种合作让我们深受鼓舞。

★ 感谢在各种研讨会上一起工作的 CANVAS 的各位。

★ Maker Faire Tokyo 主办方 O'Reilly Japan 的田村英男先生、Make Media 的德尔达哈提先生：参展 Maker Faire 为孩子们提供了最棒的发表机会。

★ 开发并提供 Scratch 的麻省理工学院媒体实验室的米切尔·瑞斯尼克教授及 "终身幼儿园" 研究所的各位：衷心感谢你们，期待在 Scratch@MIT 的研讨会上再次见面。

★ 为我创造走上编程之路的机会的父母，中学时代计算机兴趣小组的朋友们，还有在大学里引导我进行创造和表达的老师和前辈、同学们和后辈们，充分支持我开展的事业的公司领导，一直在身边支持我的家人：是你们成就了今天的我。

★ 衷心感谢为我们将瑞斯尼克教授的文章翻译成日语版的酒匂宽先生。

还有更多的人士提供了帮助，在此一并表示最诚挚的谢意。

参考文献

- *Powerful Ideas in the Classroom Using Squeak to Enhance Math and Science Learning*，B.J.Allen Conn, Kim Rose, AC Kay, Computers in Entertainment，2004 年

- 《Scratch 少儿趣味编程》、阿部和广（著），陶旭（译），人民邮电出版社，2014 年

- 『Raspberry Pi ではじめるどきどきプログラミング』、石原淳也、塩野禎隆（著）、阿部和広（監修・著）、日経 BP 社、2014 年

- 『5 才からはじめるすくすくプログラミング』、橋爪香織、谷内正裕（著）、阿部和広（監修・著）、日経 BP 社、2014 年

- 『Scratch ではじめよう！プログラミング入門』、杉浦学（著）、阿部和広（監修）、日経 BP 社、2015 年

- 『作ることで学ぶ　Maker を育てる新しい教育のメソッド』、Sylvia Libow Martinez、Gary Stager（著）、阿部和広（監修）、酒匂寛（訳）、オライリー・ジャパン、2013 年

补充说明

- 关于 Scratch 1.4 的用法及如何创作与语文、数学、科学、社会、音乐、体育等相关的作品，请参考《Scratch 少儿趣味编程》。

- 关于使用 Scratch 2.0 创作发射游戏作品的方法，请参考《Scratch 编程入门》（杉浦学著，阿部和广审校，暂无中文版），不过这对于小学生来说难度偏大。

译后访谈
（阿部和广、仓本大资、田岛笃、陶旭）

译者按：

　　2014 年，我和犬子有幸参与了《Scratch 少儿趣味编程》[1] 的译制工作，并在译书出版后主讲了相关讲座。这些活动使我们母子开始接触和了解 Scratch，并有机会帮助更多的朋友走入 Scratch 的世界，也得到了众多读者朋友的鼓励。2016 年上半年同系列第二本 [2] 在日本面市，我们母子俩再次合作翻译。初稿完成后，在中方编辑部高宇涵老师和日方编辑部田岛笃老师的协助下得以有幸再次到访日经 BP 社，与作者阿部老师和仓本老师畅谈。下面就将我与两位作者交流的主要内容整理出来，希望能为大小读者朋友带来些许帮助。

陶： 我们这个系列的第一本和第二本有着什么样的关联性呢？

阿部： 我们这两本虽然是同一系列，但内容设置上是相对独立且不重复的。只是其中的卡通主角都是"喵太郎"，整体风格也是统一的，所以如果读过其中一本，就会觉得另外一本比较亲切一些。

仓本： 虽然这本的内容稍稍难一点，但即使是零基础的读者，只读这本也完全不会有障碍。

***

陶： 我想就这本书的读者对象请教一下两位老师。感觉这本书中的关键知识点比上本书稍难，例如书中提到的外角的概念好像在小学阶段还没有学习过，还有重力、加速度等似乎是中学物理课才会学习的知识点，关于这方面两位老师是怎么考虑的呢？我们的书，或者说 Scratch 适合哪个年龄阶段的人学习呢？

阿部： 我们这个系列的两本书基本的对象设定是所有小学三年级以上的人。也就是说，只要有小学三年级的知识水平，应该就可以很好地理解并消化书中的内容。关于您提到的一些知识点，我们希望通过书中一步一步的提示来引导读者探索问题，可以说这本书的整体思路是从建构主义（constructivism）出发的。也就是说，引导读者通过制作实践来推演和探索。在这种方式下知识并不是由老师单向教授的，而是自己来探索、发现并理解的。所以我们书中的选材并不会拘泥于某个具体的知识点是否在学校学习过。例如书中探索加速度规律的过程和传统的学校物理教学中先教公式再用公式推演规律的方式有一些区别。我们这里是先观察，按照观察的结果来编程，如果编程结果看起来符合自然规律，那就说明方法是对的。这正像第一本书后面艾伦·凯博士的论文中提到的自己探索式的学习方式。

仓本： 是的，关于内角和外角的导出，我们在书中选用了自己实际来走一走的非常简单直观的方法，应该有助于很好地理解相应的概念。

---

① 阿部和广著，陶旭译，人民邮电出版社，2014年11月。本访谈中简称为"第一本"。——译者注

② 即本书，本访谈中简称为"第二本"。——译者注

阿部：除了小学生以外，也有成人玩 Scratch，很典型的人群是一些六七十岁的老人，他们通过玩 Scratch 可以与孙辈的小朋友有更多的交流。我们这个系列的读者也有一部分成人，尤其是老人，所以如果开发出更适合他们的内容可能就更好了，比如日本老人喜欢的古文俳句等相关内容应该对于他们来说更有亲和力一些。另外也还有一些退休人员开办面向孩子们的编程培训班。

仓本：在日本有一些叫作"程序员道场"（CoderDojo）的地方，这里有成年人也有小学生，他们互相切磋，交流编程。

＊＊＊

陶：我想根据图灵社区（ituring.cn）征集的问题，就 Scratch 本身请教两位老师。首先 Scratch 可以用来制作安卓（Android）或苹果（Apple）的手机应用吗？ Scratch 的最终理想状态是什么样的呢？ Scratch 与一些相关或相似的环境是什么样的关联呢？

阿部：Scratch 本身还不能用来制作手机应用，但有些公司开发了和 Scratch 非常相似的开发环境，其中有一些可以制作手机应用，如对应安卓系统的 App Inventor 等。

关于 Scratch，就像米切尔·瑞尼斯克教授和大卫·西格尔先生在本书最后的论文中介绍的那样，我们希望它是一种新的表达方式。以前我们可以通过绘画、演奏音乐、写文章等各种方式来表达，现在我们还可以通过计算机、Scratch 来实现以前无法实现的表达方式，诸如制作动画或创作故事、制作游戏等。从创始人米切尔教授的角度讲，是希望可以为人类拓展新的表达方式。

仓本：Scratch 的社区是协作、共享这样的形式，这也是以前无法实现的。而通过现在这种形式，新的可能性得以扩展。在这个过程中，Scratch 作为共同的主题把大家联系起来，提供了可以让大家一起讨论的平台。

阿部：为了和计算机对话，必须要编程，从这个角度上讲我们有必要学习编程。但这种背景下催生出来的新的表达方式并不是由一个人来独自实现的，而是由大家共同完成并向前推进发展。在这个过程中，Scratch 不单纯是一种语言，而是一种环境，除了每人计算机中的程序，还包括刚才讲到的社区、共享、协作以及爱好者的相互交流等，这些构成了 Scratch 的全貌。也就是说，Scratch 并不完全等于"排列和组合模块来编程"这件事。

＊＊＊

陶：我注意到日本软银的总裁孙正义先生在演讲中提到了 IoT（Internet of Things，物联网）的展望，这种环境下如果说所有东西都上网的话，是不是可以想象为什么东西都要编程呢？如果是这样的环境，那么 Scratch 这种编程形式是不是最适合在这种环境下为各种东西编制自己独有的程序呢？

仓本：如果是这样谁都可以编程的环境，比如主妇们也可以简单操作完成，那 Scratch 是很合适的。

阿部：是的，如果是那样的环境，虽然不敢说 Scratch 是最合适的，但可以说它也是可选项之一。我前几天刚在波士顿参加了 Scratch 的研讨会，在研讨会上介绍了今后将推出的 Scratch 3.0 版本的概念。3.0 与以往最大的不同在于，现在的 Scratch 只能在计算机上使用，但 3.0 将是可以兼容计算机、iPad、各种学习机、玩具等硬件的版本。所以新的版本会从基础标准层面适应各种硬件条件下的显示效果，这样一来，在各种设备上都能正常显示和操作。可以说它是一种通用的语言，不仅面向孩子们，即使是成人，只要你有兴趣，那在这种环境下就是平等的。而且，使用 Scratch 不用担心各国语言不同，不管你的母语是什么，不需要翻译就可以马上与各种设备交流起来，这正是 Scratch 的理想。为了这样的理想，仅靠 MIT（麻省理工学院）独自运营 Scratch 是不够的。MIT 现在正在与谷歌合作，并将以开源的形式运营 Scratch。也就是说，如果玩具厂商想要引入这种机制，就可以在平台的基础上再进行有针对性的开发。或者，一些机器人企业也可以与这个平台对接，刚才提到的与手机相关的应用也就能够实现了。预计 3.0 版本将在 2017 年年底发布，虽然未来会是什么样我们也不知道，但我觉得这些可能性一定是有的。我想，对于物联网来说，在相应的设备上以类似 Scratch 这样的形式进行编程的场景在不远的将来就可以实现了。

＊＊＊

陶：关于 Scratch 培训方面，阿部老师是什么样的思路呢？

阿部：日本现在常见的 Scratch 培训有几种形式，一种是像仓本老师的机构那样以民间志愿者的形式进行教学，还有就是一些相关企业在做的培训，另外就是一些公办机构，例如学校等组织的教学。中国可能也和日本差不多，现在社会上出现了学习编程的热潮，一些人为了便于就业而学习编程，所以一些企业做培训的目标大多是这种职业能力培训，基本上也是学了以后可以增加就业机会的宣传思路。对于这样的方向是好还是不好，我们认为还是需要再探讨。编程本身可能是很有意思的事情，但如果这个变成了必须学习的任务，变成了必须完成的工作，可能原本的热情一下子就被浇上冷水了呢。

＊＊＊

陶：那么，仓本老师，您能为我们介绍一下您的培训机构现在的状况吗？

仓本：我们的机构现在每个月会在同样的会场组织一次活动，主要以系列的第一本书为参考材料，每次活动有 10 位左右的小朋友参加，做指导的工作人员每次大概有 5 ~ 6 人。每次活动为 4 小时左右，很多孩子自己带计算机过来，会场也会准备一些计算机。现在活动主要是采取在日本称作"寺子屋"[①]的形式进行，也就是说，孩子们自己带来想要做的课题，我们针对孩子们感兴趣的问题进行启发。我们做的事情与通常意义上的指导稍有不同，有的时候只是提示孩子说"你的问题那个孩子会哦"，类似讨论交流的形式。我们通常不会直接指导，只是给一些建议或提示，起到引导孩子之间一起交流和探讨的作用。

阿部：所以说，这种活动的主角是孩子们，不是那种老师站在前面，指导大家编个程序的形式。如果是完全没有接触过编程的孩子，当然会给他们一些入门引导，除此之外通常每个孩子自己想要做的东西可能不一样，所以如果让大家都一起做一样的东西可能会很无聊。

仓本：如果有人想做同样的主题，我们就会引导他们去合作。使用的 Scratch 版本也根据每个孩子自己的喜好而不同，有的喜欢用在线的 2.0 版本，有的喜欢用和各种传感器结合得更好的 1.4 版本。我们的培训内容大多数是 Scratch，但如果有孩子提一些其他编程环境的问题，我们也很高兴提供帮助。这种线下活动通常是家长推荐给孩子的，但在 Scratch 社区里，孩子们只要感兴趣就能马上参与讨论。

＊＊＊

陶：我注意到日本的 NHK 电视台在播放 Scratch 节目[②]，风格与我们书上的教学风格很相似，虽然每集只有 10 分钟，但是内容充实有趣，能介绍一下相关情况吗？

阿部：谢谢，NHK 的 Scratch 节目也是我参与策划的。每集 10 分钟，第一季的 8 集已经播完

---

① 日本江户时代教町人子弟们学习读写、算术和简单的德育等的民间教育设施。——编者注

② Why!? 编程：http://www.nhk.or.jp/gijutsu/programming/。——译者注

了，现在正在准备第二季的内容。基本思路就是以我们现在这个系列的两本书为蓝本的。

***

陶：这个系列两本书的风格对于中国读者来说很新颖，和我们以往接触的编程书不太一样。我个人觉得最棒的就是带领大家出错，再找到错误、解决错误，其他书只是讲某个问题的正确的程序段，不会有这种试错式的程序调试过程。如果有机会，希望能更多地介绍给中国的读者。

阿部：传统的一步一步地明确完成任务并最终达到目标的方法对于一些孩子来说当然也是很适合的。这个系列书的这种方式对于日本的读者来说也是很新鲜的，尤其是程序调试的过程非常独特而有效。当然也希望能有更多的机会和大家共享、探讨。

***

陶：Scratch 和现在流行的 STEM[①] 教育有什么关联性吗？

阿部：我们提倡的是 STEAM 的理念，比 STEM 多一个 A，也就是艺术（Art）。所以 Scratch 的理念里有这样的说法：低门槛且又高又大的空间。低门槛指的是什么样的知识背景的人都很轻松入门，而又高又大是指不仅可以完成很高水平的作品，而且可以实现的内容也非常丰富，范围很广。可以实现的范围包括科学、技术、工程、艺术、数学等，所以从这个角度讲，Scratch 和 STEAM 或 STEM 是紧密相通的。而且从现在全球的趋势来看，编程这件事已经不可能完全独立地存在了，就像现在非常流行的创客热潮，都是为了实现某种具体目的而编程的。其实，无论是艺术、数学，还是工程、技术等，都是包含在编程的过程中的，从这个意义上讲，是编程将这些整合成了 STEM 或 STEAM。不管是数学还是其他学科，都可以运用到 Scratch，可以说条条大路都有 Scratch。

Scratch 非常丰富，制作出的游戏可以与市面上销售的非常高水平的游戏相媲美，我们当然会为这样的作品点赞。另一方面，对于刚刚入门的只是让小猫动起来的初学作品来说，我也会用同样的热情点赞。这应该也可以说明 Scratch 的很好的包容性。

***

陶：我想了解一下现在日本学校教育中关于编程部分的情况。

阿部：日本现在公立学校的课程教学大纲都是按照日本文部科学省发布的《学习指导要领》[②] 来执行的。这个文件每十年修订一次，现在正处于 2020 年版修订的讨论阶段。虽然没有正式发布，但现在基本上已经确定要从小学开始设置编程课程。现在已经有些学校开始开展编程教育了，但绝大多数还没有开始这样的课程。实际上能授课的老师不足也是很大的障碍，少数资金比较雄厚的私立学校会专门采购相应设备和外聘授课老师，但大多数公立学校还做不到。虽然有些学校会开设兴趣班，但水平普遍较低，只停留在学习使用计算机的程度。

***

陶：那么日本的学生家长们是什么样的想法呢？中国的很多家长一方面担心孩子用计算机对眼睛不好，但另一方面也觉得编程是一种工作技能，心情比较复杂，日本是什么状况呢？

仓本：日本的家长也都有健康方面的担心，而且更多的是对互联网上各种信息的担心，还有就是家长对孩子在计算机上做的事情不甚了解，这也是一种无法掌控的不安。经常有家长找

---

① STEM 取自科学（Science）、技术（Technology）、工程（Engineering）、数学（Mathematics）这 4 个词语的英文首字母，STEM 教育就是科学、技术、工程和数学的教育。——译者注

② 日本文部科学省（主管教育的部门）公布的教育课程基准，规定了各类学校各种学科的教学内容。——编者注

我谈类似的问题。所以我们现在的培训对象基本上是可以理顺其中关系的家长和孩子。

阿部：实际上现在日本很多家庭都不认为应该给小学生计算机，认为孩子应该更多出去活动或学习其他功课。从我们多年从事相关教育的经验来看，虽然现在很流行学习编程，但实际上真正参与进来的人还很少。一些经济条件不太好的家庭也不愿意在这方面投资，而且现在智能手机的发展也使一些人认为计算机可有可无。

近几年的变化对于今后编程发展的影响也确实令人担忧。当然，学习编程可以掌握一种技能，很多家长和孩子是为了积累一些就业资本而学习的。但是从另一个角度讲，如果今后所有人都会一些编程了，那也许仅仅这些就没有那么大的竞争力了，不知不觉间专业程序员的门槛就变高了也是有可能的。当然我们现在的努力并不是为了提高这个门槛，只是想让大家享受到其中的乐趣。

＊＊＊

陶：在这些年中，有没有发现一些非常优秀的孩子？如果有这样的孩子，该怎么引导？

仓本：这样的孩子我们是任其发挥的，尽量不去干预。

阿部：如果出现了这样的孩子，我认为非常重要的是要尽量给这样的孩子提供自由成长的空间，如果能在他感兴趣的领域找到比较专业的人士，那么可以请那些人来给一些提示和引导。

＊＊＊

陶：我这次来之前，中方出版社征集了很多问题，尤其是一些实际教学中的细节问题，比如说男孩和女孩的兴趣调动等问题，可能需要之后有机会再详细讨论。

阿部：好的，当然在社区讨论是最方便的，也可以邮件联系我们。非常希望有机会到中国和大家一起交流。

仓本：好的，关于男孩和女孩的问题，有一点可以供参考，就是据我接触的女孩的家长反映，这个系列里的第二本好像比第一本更受女孩喜欢。其他一些问题可能我不能回答得很全面，但我非常愿意和大家多交流，也非常欢迎大家到我们机构来观摩交流。

阿部和广：abee@si.aoyama.ac.jp
仓本大资：qramo_to@mac.com
陶　　旭：toukyoku@163.com

访谈说明：

感谢图灵社区进行的访谈问题有奖征集（http://www.ituring.com.cn/article/262912），七位提问者从各自的角度提出了他们关心的问题，这次访谈的提问可以说是整理了这些问题而最终成形的，特别是"穿鞋子的猫"和"textpattern"二位提问者的问题让我本人非常有共鸣，另外培训机构任雷老师也发来了很多非常有针对性的问题，在此一并表示衷心感谢。作为译者，这个过程让我本人和孩子受益匪浅，更希望今后能为大家的有效沟通奉献微薄的一己之力。

陶旭

版 权 声 明